铁路科技图书出版基金资助出版

桥梁减震、隔震支座和装置

庄军生　编著

中国铁道出版社

2012年·北京

内 容 简 介

本书在介绍了我国桥梁支座的发展现状的基础上，介绍了国内外有关桥梁支座的减震、隔震技术，及其在工程中的使用情况。重点介绍了刚性连接抗震装置，速度相关型减震、隔震装置，弹塑性钢减震、隔震装置，铅芯橡胶支座和高阻尼橡胶支座，摩擦摆式隔震支座等的构造特点和性能检验要求，及其在我国桥梁工程中的应用情况。本书可供从事结构设计、施工及研究的工程技术人员、大专院校有关专业师生参考使用。

图书在版编目（CIP）数据

桥梁减震、隔震支座和装置/庄军生编著．—北京：中国铁道出版社，2012．4

ISBN 978-7-113-14277-3

Ⅰ．①桥…　Ⅱ．①庄…　Ⅲ．①桥梁支座—减振装置　Ⅳ．①U443．36

中国版本图书馆 CIP 数据核字（2012）第 026366 号

书　　名：桥梁减震、隔震支座和装置
作　　者：庄军生

策划编辑：许士杰
责任编辑：徐　艳　　电话：51873193　　电子信箱：xy810@eyou.com
封面设计：崔　欣
责任校对：王　杰
责任印制：郭向伟

出版发行：中国铁道出版社（100054，北京市西城区右安门西街 8 号）
网　　址：http://www.tdpress.com
印　　刷：北京铭成印刷有限公司
版　　次：2012 年 4 月第 1 版　2012 年 4 月第 1 次印刷
开　　本：850 mm×1 168 mm　1/32　印张：7　字数：181 千
印　　数：1～3 000 册
书　　号：ISBN 978-7-113-14277-3
定　　价：26.00 元

前　言

《桥梁支座》一书自1994年出版以来,已先后发行了三版。该书主要介绍了在我国公路、铁路桥梁上常用的各种支座类型的构造特点、设计、加工制造和施工安装等方面的技术内容。近年来,随着我国地震的频繁出现,尤其是发生四川汶川地震后,我国的抗震设计规范,将减震、隔震设计概念引入桥梁设计之中,结构延性设计和采用减震、隔震支座的隔震设计已逐渐在桥梁结构设计中得到应用,常规的桥梁支座已经无法满足地震区桥梁设计的需要。各种类型的减震、隔震支座和装置逐渐在我国得到应用,如铅芯橡胶支座、高阻尼橡胶支座、摩擦摆式隔震支座、弹塑性钢阻尼装置和速度阻尼器等。但迄今为止,国内尚没有一本专业的书籍较为详细地介绍减震、隔震支座和装置,工程技术人员只能从国外零星的产品广告中了解相关产品性能的一些信息。为此,有必要编著一本较为详细的减震、隔震支座和装置方面的专业技术书籍,以供设计人员参考。

《桥梁减震、隔震支座和装置》是在《桥梁支座》一书的基础上,总结了国内减震、隔震支座的发展现状,参考国外现有的相关资料,如:欧洲标准EN 15129—2009《减震、隔震装置》、国际标准化委员会ISO 11762:2005《隔震橡胶支座》、日本标准《道路桥支承便览》和美国AASHTO:1998《地震隔震设计指南》等标准编制而成。

《桥梁减震、隔震支座和装置》一书，介绍了国内外桥梁减震、隔震支座和装置的发展现状，桥梁减震、隔震支座和装置的基本性能要求及检测。常用的桥梁减震、隔震支座和装置的类型可以根据其工作原理区分为：刚性连接装置，速度相关型减震、隔震装置，弹塑性钢减震、隔震装置，铅芯橡胶支座，高阻尼橡胶支座，摩擦摆式隔震支座和防落梁装置等。书中重点介绍了各种减震、隔震支座的本构关系、主要性能（等效水平刚度和等效阻尼比）的确定及表达方式，隔震装置的隔震效果分析和各种减震、隔震支座和装置的性能检验方法。各种隔震装置的性能检验要求，包括了装置的型式检验、生产过程检验和出厂验收检验等方面的内容。上述性能检验要求，为在工程上使用性能合格的减震、隔震支座（装置）提供了可靠的保证。本书还简单地介绍了地震防落梁装置，以及在铁路桥梁和轨道交通桥梁上使用减震、隔震支座应该注意的一些问题。

在本书编写过程中，中交第一公路勘察设计研究院有限公司葛胜景、王伟等，提供了有关弹塑性钢减震、隔震装置和高阻尼橡胶支座的大量资料，在此深表感谢！

《桥梁减震、隔震支座和装置》可供从事结构设计、施工及研究的工程技术人员、大专院校有关专业师生参考使用。

庄军生

二〇一一年十一月

目　录

第一章　概　　述…………………………………………………… 1

第二章　国内外桥梁减震、隔震支座的发展……………………… 10

　第一节　我国桥梁减震、隔震支座的发展……………………… 10
　第二节　国外常用的桥梁减震、隔震支座……………………… 13
　第三节　桥梁减震、隔震支座的分类…………………………… 21

第三章　桥梁减震、隔震支座基本性能要求及检测……………… 24

　第一节　桥梁减震、隔震支座基本性能要求…………………… 24
　第二节　桥梁减震、隔震支座的性能变异……………………… 27
　第三节　桥梁减震、隔震支座性能检测………………………… 33

第四章　刚性连接装置 ……………………………………………… 43

　第一节　永久连接装置 …………………………………………… 43
　第二节　熔断保护装置 …………………………………………… 44
　第三节　临时(动态)连接装置 ………………………………… 45

第五章　速度相关型减震、隔震装置………………………………… 56

第六章　弹塑性钢阻尼装置 ………………………………………… 64

　第一节　概　　述 ………………………………………………… 64
　第二节　E 型钢阻尼器 …………………………………………… 67
　第三节　弧型钢阻尼器 …………………………………………… 70
　第四节　短刚臂钢阻尼器 ………………………………………… 73
　第五节　弹塑性钢阻尼器的性能要求及其检验 ………………… 77

第七章　铅芯橡胶支座 ……………………………………………… 94

　第一节　概　　述 ………………………………………………… 94

第二节　铅芯橡胶支座设计基本参数 …………………… 99
第三节　铅芯橡胶支座设计实例………………………… 104
第四节　铅芯橡胶支座的性能检验……………………… 108
第五节　铅芯橡胶支座的减震、隔震分析 ……………… 118

第八章　高阻尼橡胶支座…………………………………… 121

第一节　概　　述………………………………………… 121
第二节　高阻尼橡胶支座设计基本参数………………… 123
第三节　高阻尼隔震橡胶支座设计实例………………… 126
第四节　高阻尼橡胶支座的基本性能要求……………… 131
第五节　高阻尼橡胶支座的性能检验…………………… 134
第六节　国内外橡胶隔震支座的设计计算方法………… 142
第七节　橡胶减震、隔震支座的研究与开发 …………… 158
第八节　我国高阻尼隔震橡胶支座的研究现状………… 162

第九章　摩擦摆式隔震支座………………………………… 167

第一节　概　　述………………………………………… 167
第二节　摩擦摆式减震、隔震支座设计基本参数 ……… 168
第三节　摩擦摆式减震、隔震支座的结构形式 ………… 184
第四节　摩擦摆式减震、隔震支座的应用 ……………… 188
第五节　摩擦摆式减震、隔震支座的性能检测 ………… 198

第十章　地震防落梁装置…………………………………… 202

第十一章　铁路桥梁减震、隔震支座的特点 …………… 208

参考文献………………………………………………………… 214

第一章　概　　述

桥梁支座是连接桥梁上部结构与下部结构的重要部件，它能将桥梁上部结构的反力和变形（位移和转角）可靠地传递给桥梁的下部结构，从而使结构的受力情况与理论计算图式相符合。

桥梁支座必须满足以下功能要求。首先桥梁支座必须具有足够的承载能力，以保证安全可靠地传递支座反力（垂直力和水平力）。其次支座对桥梁变形（位移和转角）的约束应尽可能地小，以适应梁体自由伸缩和转动的需要。此外桥梁支座还应便于安装、养护和维修，并在必要时进行更换。

自20世纪70年代以来，中国铁道科学研究院对桥梁支座进行了系统的研究，先后研究开发了盆式橡胶支座、板式橡胶支座和球型钢支座等多种形式的支座，并在我国公路、铁路桥梁上广泛应用。盆式橡胶支座和球型钢支座已经成为我国铁路桥梁上应用最为广泛的支座类型，不仅用于普通铁路桥梁，而且大量应用于铁路客运专线的桥梁支座。所有的桥梁支座在设计中均考虑了地震检算，按抗震设计的概念，一般均是根据地震加速度峰值，由支座锚栓的剪切来承受全部地震力，并未考虑地震消能的相应措施，因此，一旦发生特大地震，容易造成支座部件或支座锚栓被剪坏等现象。

桥梁支座是桥梁抗震的薄弱部位，当上部结构传来的惯性力大于桥梁支座的强度时，震害极为普遍。破坏形式主要表现为支座锚固螺栓拔出剪断、活动支座脱落及支座本身构造上的破坏。

汶川大地震发生后，宝成铁路上有不少桥梁发生支座锚栓剪断或支承垫石被剪坏，给地震后桥梁的恢复带来了困难。图1－1为宝成铁路金龟岩大桥（53 m＋2×88 m＋53 m）桥梁支座震后破坏的情况。该桥的固定支座锚栓全部剪断，纵向活动支座的侧向挡板也几乎全部剪断，梁体发生横向位移（约20 mm），给恢复支座的原有功能带来很大困难。如何保证在发生地震时桥梁支座的工作性能,使桥梁支座不破坏或尽量少破坏,并在地震后能尽快恢复支座的功能,是当前急需研究的一个课题。

盆式橡胶支座纵向活动支座侧向挡块剪掉　　盆式橡胶支座固定支座锚栓全部齐根剪断

图 1－1　宝成铁路金龟岩大桥(53 m＋2×88 m＋53 m)
桥梁支座震后破坏情况

常用的 32 m 简支 T 梁发生摇轴支座下支承垫石混凝土剪坏,见图 1－2。铰轴支座在铰轴处发生横向错位,见图 1－3。图 1－4 为日本某桥支座本体破坏的情况。图 1－5 为日本某桥梁体与支座滑落的情况。

图 1－2　宝成铁路 32 m 简支 T 梁支座震后破坏情况

汶川地震桥梁支座的破坏情况,给地震区铁路桥梁支座的设

图 1－3　铰轴支座在铰轴处发生横向错位

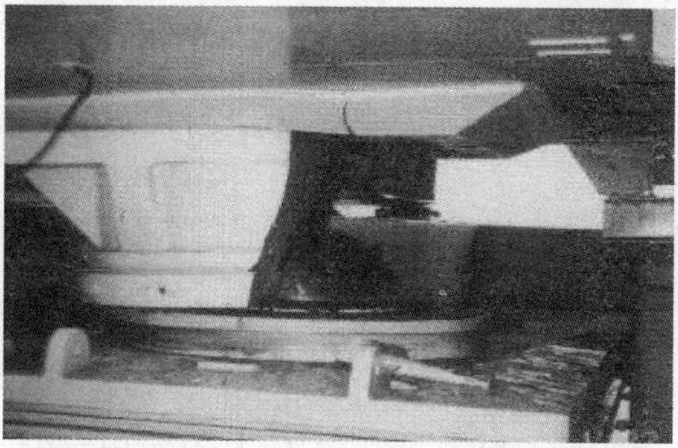

图 1－4　日本某桥支座本体破坏

图 1－5　日本某桥梁体与支座滑落

计提出了以下值得思考的问题。首先，桥梁支座的部件和锚螺栓在地震中发生剪切破坏后如何恢复。其次，支座采用的抗震设计理念是否合理。一方面，支座的锚螺栓几乎无法承受如此强大的地震力。另一方面，即使支座锚、螺栓不被剪断，则强大的地震力将全部作用在桥墩上，将会引起桥墩的开裂或破坏。因此，国内外不少学者提出减震、隔震支座的概念，通过在桥梁支座上采取必要的减震、隔震构造，使桥梁梁体在地震时可在支座上发生一定的位移，消减地震能量，但不发生落梁，从而可以减小地震力对桥梁墩、台的作用。减震、隔震支座是地震区桥梁支座设计中必须考虑的一种设计理念。

自汶川地震后，桥梁的减震、隔震设计得到重视，我国先后修订了公路、铁路桥梁的抗震设计规程，对桥梁支座的减震、隔震提出了相应的要求，为我国桥梁减震、隔震支座的发展提供了良好的契机。近年来交通系统已经着手编制相关的减震、隔震支座标准，如公路桥梁铅芯橡胶隔震支座、公路桥梁高阻尼橡胶隔震支座和弹塑性钢隔震支座等。

我国公路、铁路桥梁设计依据的抗震规程主要有：

(1)铁路工程抗震设计规程(GB 50111—2006)[1]；

(2)公路桥梁抗震设计细则(JTG/TB 02—01—2008)[2]。

国外采用的抗震设计可参考以下标准：

(1)结构抗震设计　桥梁设计篇(EN 1998—2)[3]；

(2)日本道路桥设计示方书　第V篇　抗震设计篇[4]。

根据《铁路工程抗震设计规程》(GB 50111—2006)，铁路桥梁抗震按三阶段设计，即：

(1)多遇地震(50年)：地震后不损坏或轻微损害，能够保持正常使用功能，结构处于弹性工作阶段；

(2)设计地震(475年)：地震后可能损害，经修复，短期内能恢复正常使用功能，结构整体处于非弹性工作阶段；

(3)罕遇地震(2475年)：地震后产生较大破坏，但不出现整体倒塌，经抢修后可限速通过，结构处于弹塑性工作阶段。

根据以上要求，铁路桥梁的减震、隔震支座应满足以下安全性要求：

(1)在多遇地震作用下，桥梁结构的抗震安全应满足《铁路工程抗震设计规程》(GB 50111—2006)的要求，减震、隔震支座的耗能机构不应影响结构的正常使用功能。

(2)在设计地震作用下，桥梁连接构件的抗震安全应满足《铁路工程抗震设计规程》(GB 50111—2006)的要求，减震、隔震支座的位移锁定装置得到释放，耗能作用在地震中得到有效发挥，支座的地震位移小于容许位移。

(3)在罕遇地震作用下，结构的抗震性能应满足以下要求：

1)桥墩的延性比 μ_u 满足《铁路工程抗震设计规程》(GB 50111—2006)的相关要求，隔震桥梁钢筋混凝土桥墩的容许延性比$[\mu_u]$取2.4；

2)减震、隔震支座的最大位移必须小于装置的容许位移；

3)减震、隔震支座与桥梁之间连接构件的强度满足安全要求。

当前，铁路桥梁上建议可采用的减震、隔震支座主要有：软钢阻尼支座、黏滞阻尼器、速度锁定支座、铅芯橡胶支座和摩擦摆式支座等。

公路桥梁根据《公路桥梁抗震设计细则》(JTG/TB 02—01—2008)，按两阶段设计，即：

E1：地震超越概率为475年一遇；

E2：地震超越概率为2000年一遇。

对应两个阶段桥梁抗震设防类别的设防目标见表1-1。

表1-1　公路桥梁抗震设防类别的设防目标

桥梁抗震设防类别	设防目标	
	E1地震作用	E2地震作用
A类	一般不受损害或不需要修复可继续使用	可发生局部轻微损伤，不需要修复或经简单修复可继续使用
B类	一般不受损害或不需要修复可继续使用	应保证不致倒塌或产生严重结构损伤，经临时加固后可供维持应急交通使用

续上表

桥梁抗震设防类别	设防目标	
	E1 地震作用	E2 地震作用
C 类	一般不受损害或不需要修复可继续使用	应保证不致倒塌或产生严重结构损伤,经临时加固后可供维持应急交通使用
D 类	一般不受损害或不需要修复可继续使用	

《公路桥梁抗震设计细则》(JTG/TB 02—01—2008)提出了桥梁减震、隔震设计的要求,并对在什么条件下可以采用减震、隔震设计做了规定。满足下列条件之一的桥梁,可以采用减震、隔震设计:

(1)桥墩为刚性墩,桥梁的基本周期比较短。

(2)桥墩高度相差较大。

(3)桥址的预期地面运动特性比较明确,主要能量集中在高频段时。

存在以下情况之一的桥梁,不宜采用减震、隔震设计:

(1)地震作用下,场地可能失效。

(2)下部结构刚度小,桥梁的基本周期比较长。

(3)位于软弱场地,延长周期可能引起地基与桥梁共振。

(4)支座中可能出现负反力时。

《公路桥梁抗震设计细则》(JTG/TB 02—01—2008)中,对减震、隔震装置的设置原则规定如下:

(1)减震、隔震设计的桥梁应分别对 E1 和 E2 地震作用进行设计和检算。

(2)减震、隔震设计的桥梁应满足正常使用条件的要求,相邻上部结构之间必须在桥台和桥墩之间设置足够的间隙,以满足地震位移的要求。

(3)减震、隔震设计的桥梁,其基本周期原则上应为不采用隔震装置时基本周期的 2 倍以上。

(4)减震、隔震桥梁抗震分析时,可分别考虑顺桥向和横桥向的地震作用。位于地震设防烈度 8 度和 9 度区的桥梁,应考虑竖向地震效应和水平地震效应的不利组合。

(5)减震、隔震装置的结构宜尽可能简单、性能可靠,应在性能明确的范围内使用,并进行定期的维护和检查;应考虑减震、隔震系统的可更换性要求。

《公路桥梁抗震设计细则》(JTG/TB 02—01—2008)中还推荐了 3 种减震、隔震装置:

·铅芯橡胶支座;

·高阻尼橡胶支座;

·摩擦摆式隔震支座。

欧洲标准 EN 1998—2《结构抗震设计　桥梁设计篇》对地震区的桥梁按破坏极限状态(USL)和使用极限状态(SLS)进行两阶段设计。

在破坏极限状态(USL)要求桥梁不倒塌:

(1)设计地震发生后,桥梁应保证结构完整和具有足够的剩余抗力,但允许桥梁一些部件可能发生显著破坏。

(2)强震地区不设隔震装置时,桥墩中允许产生塑性铰。

(3)桥梁上部结构除伸缩缝、连接板或拉杆等局部二次构件外,通常应避免破坏。

(4)在桥梁使用寿命中,设计地震作用有较大超越概率发生时,设计目标应是允许结构破坏,可以设置能量耗散的桥梁部分构件。桥梁在设计地震作用后,应允许紧急交通使用,并容易修复。

(5) 在桥梁使用寿命中,设计地震作用有较低超越概率发生时,上述第(3)、第(4)项的要求可以放松。

(6) 在使用极限状态(SLS)下要求桥梁损害最小化:具有较高发生概率的地震作用可以引起次要构件以及能量耗散部件有较小的破坏,所有桥梁部件应保持不损害。

综上所述,地震区桥梁结构设计中基本上遵循"小震不坏,中震可修,大震不倒"的原则,为此在桥梁结构设计中引入了延性设计的概念。桥梁结构设计中或者考虑在桥墩处形成塑性铰，或者通过在桥梁与桥墩之间的支座部位设置减震、隔震支座，增加桥梁结构的延性，以耗散地震的能量。地震中桥墩混凝土形成塑性铰后，结构延性增加，但将给地震后的修复工作带来很大的难度和工作量。而采用减震、隔震支座时，地震后减震、隔震部件可能损害，桥梁整体不会倒塌，地震后的修复工作相对比较容易，必要时可以更换支座。因此，采用减震、隔震支座是一种切实可行的减震方法。

桥梁采用减震、隔震支座时，应该遵循以下基本原则：

(1)减震、隔震支座必须能满足支座正常使用状态(非地震时)的功能，即能保证可靠地传递荷载(垂直力和水平力)，能保证支座的转动和位移不受约束。

(2)减震、隔震支座减小地震响应的作用可通过以下功能来实现：

1)延长结构基本周期，减小力的作用，但增加支座位移；

2)增加阻尼，可以减小支座位移，也可以减小力的作用；

3)通过延长结构基本周期和增加阻尼两项效应组合，既延长结构基本周期又增加阻尼。

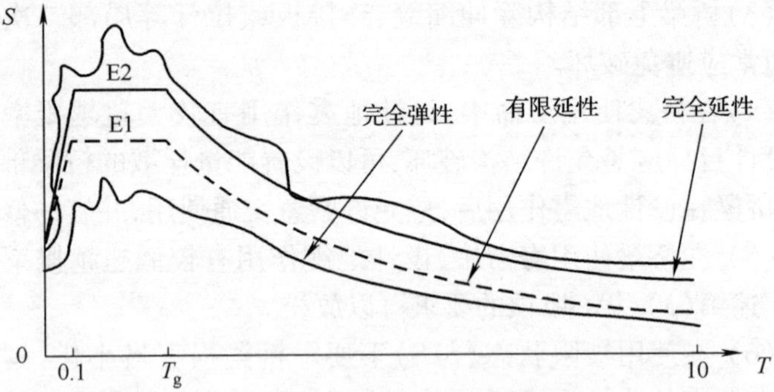

图 1-6　我国地震设计规范规定的标准地震反应谱

图 1-6 为我国地震设计规范规定的标准地震反应谱。由图可见，随着结构周期的延长，地震响应加速度减小，因此延长结构

基本周期可以减小地震对结构的作用力。

（3）采用减震、隔震支座后，隔震系统应满足相应抗震规程各个阶段的隔震要求：

1）上、下部结构在设计地震作用下的地震响应，假定为是有限延性的。

2）由于位移能力对桥梁的安全性起关键作用，应比隔震系统的强度和整体性有更高的可靠度，因此要按提高的设计位移 D_1 来设计隔震支座，设计位移的增大系数 $\gamma = 1.5$。

隔震系统在各个方向的最大总位移，应在设计位移 D_1 的基础上加上以下附加位移：永久作用位移、上部结构的位移（混凝土收缩、徐变，后张预应力混凝土弹性压缩）和 50% 温度变形。

各类减震、隔震支座的设计性能均应经过型式检验和质量控制检验。

第二章 国内外桥梁减震、隔震支座的发展

第一节 我国桥梁减震、隔震支座的发展

我国桥梁支座的发展开始于20世纪60年代，在传统的钢支座基础上，先后研发了板式橡胶支座、盆式橡胶支座和球型钢支座等，并在公路、铁路桥梁上广泛应用。但当时支座的设计采用"静力设计"的理念，对于地震区的桥梁支座所承受的水平力，根据地震动峰值加速度乘以结构自重来确定，按静力法计算支座本体及锚螺栓的抗剪强度。按此方法设计，当地震动峰值加速度较大时，支座所承受的地震水平力很大，有时可以达到支座竖向力的30% ~40%，此时仅仅依靠加大支座本身的结构尺寸，"硬抗"地震力，无论对支座本身还是对桥墩的受力，都是不利的。最好的解决办法是通过设置减震、隔震支座，既改善支座本身的受力，又改善桥墩的受力状态。

为了改善桥梁支座的抗震性能，自20世纪80年代以来，在我国公路、铁路桥梁上，先后也采用过一些减震、隔震支座。常见的抗震支座有抗震型盆式橡胶固定支座、铅芯橡胶支座和摩擦摆式隔震支座等[5]。

一、抗震型盆式橡胶固定支座

1988年大桥局在设计钱塘江第二大桥时，由于钱塘江二桥为45 m+65 m+14×80 m+65 m+45 m的18孔预应力混凝土箱型连续梁桥，全桥长1 340 m，仅在全桥中间设两个固定桥墩，全桥的纵向水平地震力将通过设置在固定墩上的两个固定支座和各活动墩上的支座摩阻力来承担，造成全桥固定支座处的纵向水平力很大，为此在桥梁设计中除设置必要的抗震挡块外，采用了抗震型盆

式橡胶固定支座。

抗震型盆式橡胶固定支座是在一般盆式橡胶固定支座上设置一个摩擦系数大于0.2的滑动面，并设置纵向橡胶减震条。在正常使用时支座不滑动，起固定支座的作用，能承受0.2*P*的水平力（*P*为支座垂直反力）。地震时，当水平地震力大于0.2*P*时，设置在固定支座上的滑动面相对滑移，同时橡胶减震条受压缩，当达到一定的地震水平力时（约0.25*P*），橡胶减震条的侧挡板屈服，橡胶卸载。通过以上两项措施，以期达到地震消能的作用。抗震型盆式橡胶支座构造见图2－1。

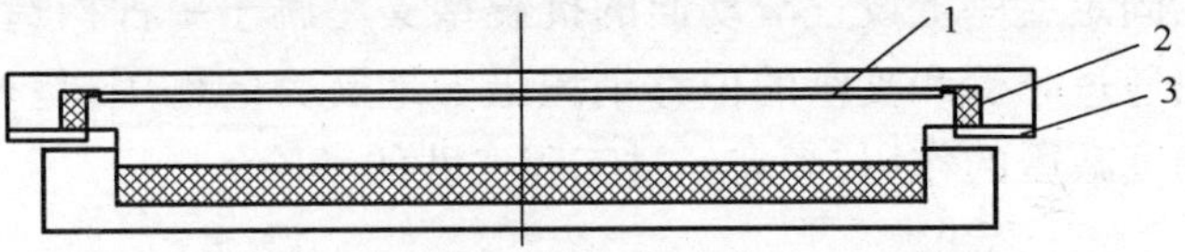

图2－1　抗震型盆式橡胶支座构造简图

1—不锈钢板；2—橡胶减震条；3—挡板

抗震型盆式橡胶固定支座的试验研究成果，已在钱塘江第二大桥27 MN的固定支座上正式采用，并已设计成5～30 MN的系列支座。在上海奉浦大桥上采用了45 MN的抗震型盆式橡胶固定支座，在南京长江第二大桥上采用了65 MN的抗震型盆式橡胶固定支座。

大吨位球型支座也可以设计成抗震支座，目前最典型的是重庆朝天门大桥145 MN的抗震型球型支座。图2－2为该支座的构造图。

重庆朝天门大桥145MN的抗震型球型支座上设置了抗震挡条，该挡条通过一排销钉和一排螺栓与支座底板连接，销钉与底板为过盈配合连接，销钉截面面积按承受20%垂直荷载的水平力设计。当地震水平力超过20%的垂直力时，销钉剪断，随后连接螺栓也剪断，连接螺栓承受抗震挡条在水平力作用之下的弯曲应力。当抗震挡条被剪断后，支座可以发生少量的地震位移，从而达到减震消能的目的。

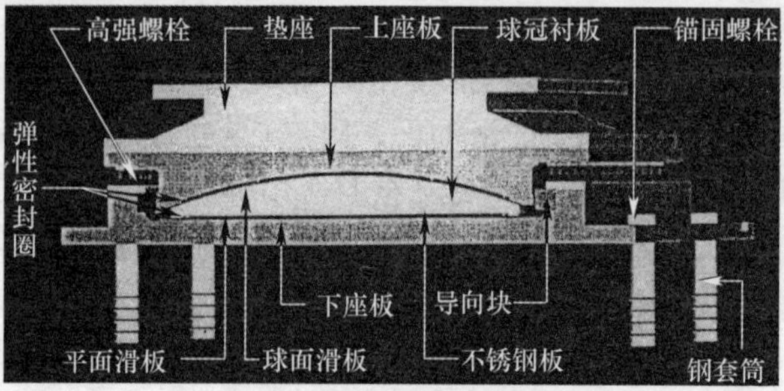

图 2－2　朝天门桥抗震型球型钢支座

在固定支座上设置滑动面的抗震型支座属于一种构造措施，它试图通过摩擦和支座的位移消减最大地震力的作用，是否能取得大幅度减震的作用，尚需经过工程实践的考验。

二、铅芯橡胶支座

目前在我国铅芯橡胶支座主要应用于房屋建筑上，在公路、铁路桥梁上应用较少。铁道科学研究院曾在首都机场二期工程道路桥上，设计采用了 3～8MN 铅芯橡胶支座 20 多个。在南疆铁路布谷孜桥的 32 m 简支梁桥上也部分采用过铅芯橡胶支座。在南疆铁路桥上采用的铅芯橡胶支座是由建筑部门设计的，对铁路桥梁的使用性能不是很了解，简单地将用于房屋建筑的支座直接套用到铁路桥梁之上，支座未设任何横向限位构造，由于支座本身构造高度较大(160 mm)，因此该支座在正常使用时横向摇摆较大。事实上国外在铁路桥梁上使用铅芯橡胶支座时，均采取了可靠的横向限位构造，以保证铁路桥梁的正常运行功能。上述经验教训可供在铁路桥梁上再次使用铅芯橡胶支座时借鉴。

为了比较铅芯橡胶支座、板式橡胶支座和钢支座的减震、隔震效果，中国铁道科学研究院对采用上述三种支座的铁路简支梁桥和连续梁桥进行了简化模拟分析，地震波均采用 EL Centro 波型输入。对三跨简支梁桥(桥长 32 m，墩高 20 m)和五跨连续梁桥(40 m＋3×72 m＋40 m)1# 墩和 4# 墩(墩高 15 m)、2# 墩和 3# 墩

(墩高 17.5 m)，分别采用钢支座和铅芯橡胶支座，在 EL Centro 地震波作用下，计算了各墩地震响应峰值。计算结果表明，铅芯橡胶支座对于桥梁的减震作用明显优于钢支座和板式橡胶支座。在相同的前提下，对同一地震波，采用板式橡胶支座时的响应峰值是采用钢支座的 50% ~75%，而采用铅芯橡胶支座是的响应峰值是板式橡胶支座的 50% ~75%，是钢支座的 25% ~50%，充分体现了铅芯橡胶支座的阻尼特性和耗能能力。

三、摩擦摆式隔震支座

在苏通大桥引桥建设中，考虑 2500 年一遇的地震荷载作用，为保证桩基和桥墩的安全，设计中需要采用减震、隔震支座。在 12 ×30 m 连续梁上采用了球型钢支座与板式橡胶支座组合的减震、隔震支座，在 11 ×50 m 和 9 ×75 m 连续梁上采用了摆锤式球型钢支座，但该支座在顺桥向采用柱面形式(为克服支座正常位移时球面的高程变化)，因此该支座只能在横桥向起到摆锤式减震、隔震支座的作用，而在顺桥向起不了减震、隔震的作用。上述两种减震、隔震支座的减震功能，尚需经过实际工程的检验。

尽管在国内一些工程中采用了减震、隔震支座，但只是处于试用状态，对减震、隔震支座的性能、设计和检验尚缺少系统的研究。同时由于减震、隔震支座的成本较高，因此在推广应用中受到一定的限制。

第二节　国外常用的桥梁减震、隔震支座

目前世界各国有多种减震、隔震支座的方式，其中常用的有摩擦阻尼型、液压阻尼型和摆锤式减震支座，以及铅芯橡胶支座和高阻尼橡胶支座等。在日本铁路桥梁上，还常常在桥墩中心与梁体之间设置抗震榫抗震。在公路桥上经常采用板式橡胶支座，设计成反力分散型桥梁，由各个桥墩共同承担地震水平力。

采用橡胶支座作为减震、隔震支座是非常有利的。日本在阪

神大地震之后，曾对桥梁支座的损坏情况进行了调查，其结果见表2－1。采用钢支座的桥梁，有21％的支座发生了锚栓剪断、支承垫石混凝土破坏等现象，而采用橡胶支座的桥梁，支座仅发生少量轻微的破坏现象，可见橡胶支座在地震作用下的隔震性能明显优于钢支座。也就是说在发生地震时，桥梁支座不易“硬抗”，支座在地震中产生适度的变位，对削减地震能量是有利的。

表2－1　日本阪神地震桥梁支座的损坏情况调查表

支座形式	支座损害程度				合　计
	A	B	C	D	
钢支座	968(21％)	603 (13％)	681 (14％)	2 503 (52％)	4 773 (100％)
橡胶支座	0 (0％)	6 (2％)	19 (8％)	219 (90％)	244 (100％)
合　计	986 (20％)	609 (12％)	700 (14％)	2 722 (54％)	5 017 (100％)

注：A：锚栓剪断，支承垫石混凝土破坏；B：销钉剪断，辊轴破坏，锚栓拔出；
C：上、下支座变形，支承垫石混凝土破坏；D：没有破坏或轻微破坏。

下面简单地介绍几种国外常用的减震、隔震支座的原理及构造特点。

一、摩擦阻尼型减震、隔震支座

摩擦阻尼型减震、隔震支座是目前世界采用较多的一种支座，它通过支座的摩擦阻尼耗能，以及增加地震时支座的位移量，从而降低结构的自振周期，达到减小地震力的目的。一般摩擦阻尼型减震、隔震支座，运用聚四氟乙烯板（或其他滑动摩擦材料）与不锈钢板的滑动摩擦，来达到摩擦耗能的目的。根据国外的试验结果，纯聚四氟乙烯板（不加硅脂润滑）的摩擦系数随着滑动速度的增加而增大。图2－3为聚四氟乙烯板与不锈钢板的摩擦系数与滑动速度的关系[8]。由图可见，在摩擦速度大于20 mm/s时，聚四氟乙烯板在20～28 MPa应力条件下的摩擦系数可达0.08～0.14。图2－4为采用聚四氟乙烯滑板的摩擦型支座的摩擦系数与位移关系的滞回曲线。由图2－4可见，滑动摩擦型支座的滞回曲线饱满，具有良好的减震耗能作用。

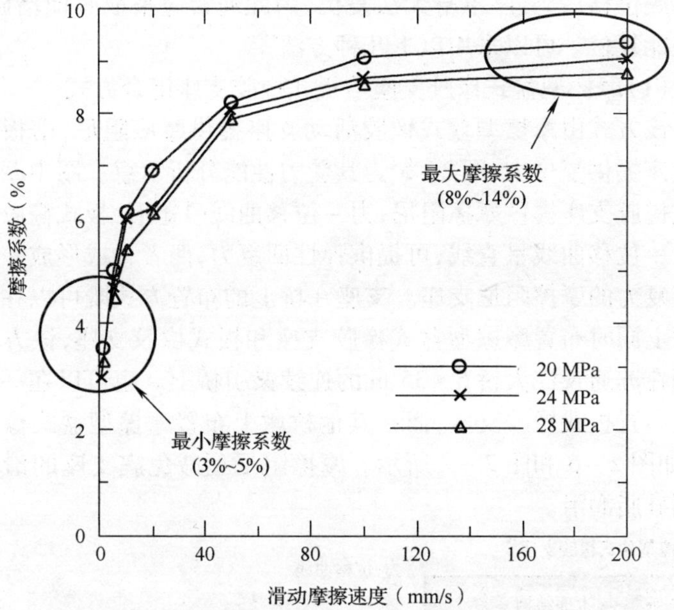

图 2－3　聚四氟乙烯滑板与不锈钢板的摩擦系数和滑动速度的关系

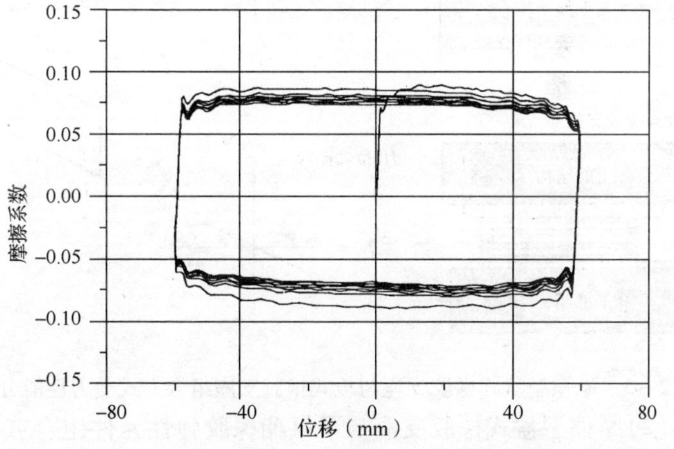

图 2－4　聚四氟乙烯滑板的摩擦型支座的摩擦系数与位移关系的滞回曲线

采用聚四氟乙烯滑板的摩擦阻尼型减震、隔震支座，在支座发生地震位移后，支座本身无法复位，因此通常应采取其他措施，使支座能复位。可以采用以下几种方法[9]。

(1)摩擦型盆式橡胶支座与板式橡胶支座组合方式

该方式由摩擦型盆式橡胶活动支座提供摩擦阻尼，由板式橡胶支座提供复位力，图2－5为其受力性能分析示意。图中摩擦型盆式橡胶支座提供摩擦阻尼，力－位移曲线呈矩形，板式橡胶支座的力－位移曲线呈直线，可提供弹性回复力，两者合成形成一种具有恢复力的摩擦阻尼支座。支座在桥上的布置方式既可以在同一桥墩上同时布置摩擦型盆式橡胶支座和板式橡胶支座，该方式已应用在苏通长江大桥5×35 m的连续梁引桥上。也可以在一个桥墩上布置板式橡胶支座，而在其他桥墩上布置摩擦型盆式橡胶支座，如图2－6和图2－7所示。摩擦阻尼型减免震支座的滑板不再用硅脂润滑。

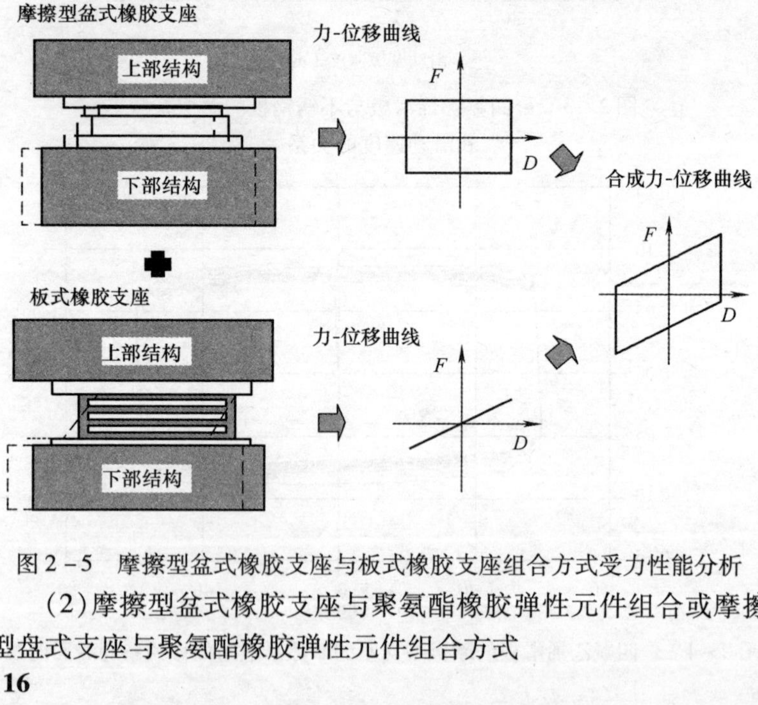

图2－5　摩擦型盆式橡胶支座与板式橡胶支座组合方式受力性能分析

(2)摩擦型盆式橡胶支座与聚氨酯橡胶弹性元件组合或摩擦型盘式支座与聚氨酯橡胶弹性元件组合方式

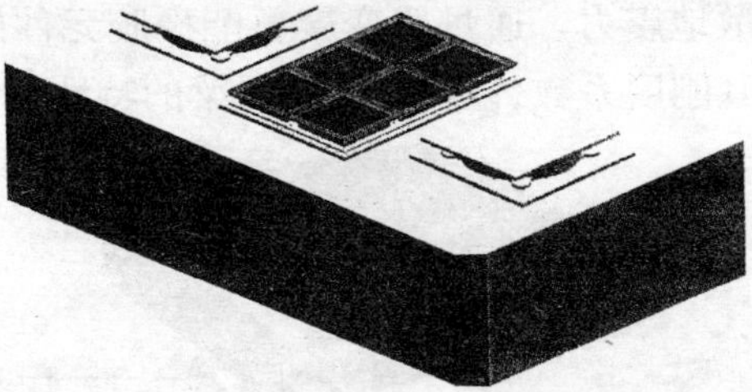

图 2-6　同一桥墩上同时布置摩擦型
盆式橡胶支座和板式橡胶支座

图 2-7　一个桥墩上布置板式橡胶支座、其他桥墩上
布置摩擦型盆式橡胶支座

该方式由聚四氟乙烯板与不锈钢板提供摩擦阻尼，由聚氨酯橡胶弹性元件提供恢复力，图 2-8 为摩擦型盆式支座与聚氨酯橡胶弹性元件组合的减震、隔震支座结构图。该支座由盆式支座承受上部结构的垂直荷载、位移和转角。通过聚氨酯橡胶元件的抗压强度，能安全地抵抗风力、车辆制动力以及离心力等平时作用的水平力。地震时通过盘式支座的滑动摩擦面的滑动来完成基础隔震，通过摩擦阻力和聚氨酯橡胶元件的压缩变形产生阻力，调节变

位，吸收和耗散地震力。通过改变聚氨酯橡胶元件的长度和截面积，可以调整其刚度系数，以符合各种桥梁的特性。

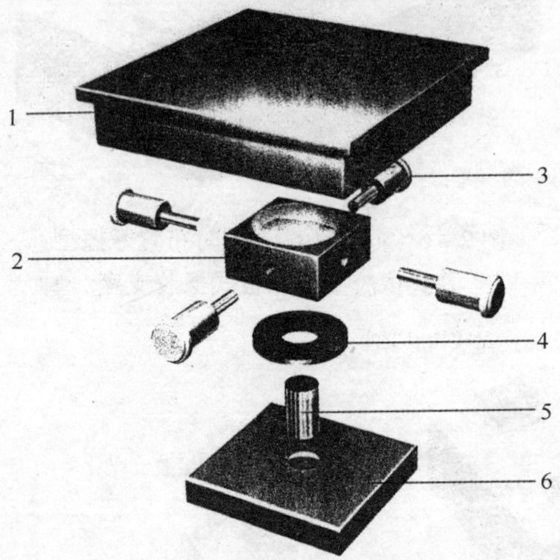

图2－8　摩擦型盘式支座与聚氨酯橡胶弹性元件组合的减震、隔震支座结构图

1—上支座板；2—阻尼元件定位板（含聚四氟乙烯滑板）；3—聚氨酯弹簧；4—盘式橡胶板；5—销钉；6—下支座板

目前，我国对摩擦阻尼型隔震支座的滑动摩擦材料的性能尚缺少系统的研究，尤其是对常用的滑动摩擦材料（如聚四氟乙烯和改性超高分子量聚乙烯）的摩擦系数与摩擦速度的关系，缺少充分的试验研究。

二、黏滞阻尼型减震、隔震支座

黏滞阻尼型减免震支座是在普通盆式橡胶活动支座的两侧设置黏滞阻尼器。支座正常使用时，桥梁梁体的温度变位，由于变位的速度缓慢，黏滞阻尼器几乎不产生位移阻力，而在地震时，黏滞阻尼器在快速地震力的作用下，几乎不能发生位移，将产生很大的位移阻力，此时桥上的活动支座成为一个固定支座，使全桥的全部桥墩共同承受地震力，达到减震的目的。黏滞阻尼器的阻尼介质

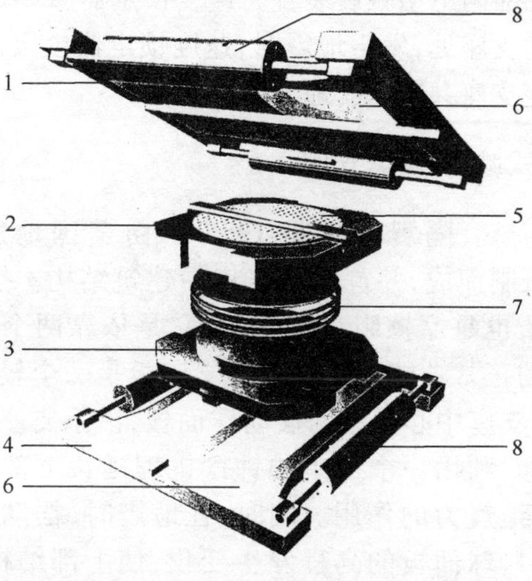

图 2-9　黏滞阻尼型减免震支座

1—上支座板;2—钢衬板;3—下支座板;
4—支座底板;5—聚四氟乙烯滑板;6—不锈钢滑板;
7—黄铜紧固圈;8—黏滞阻尼器

通常采用超高黏度的硅油,以防泄漏。图 2-9 为设置有黏滞阻尼器的减免震支座图。

黏滞阻尼器一般由缸体、活塞和阻尼材料组成,活塞在缸体内可做往复运动,活塞上有适量小孔,缸体内装有黏滞阻尼材料。地震时,结构在地震力的作用下,与结构共同工作的黏滞阻尼器的导杆受力,推动活塞运动,活塞两边的阻尼材料产生压力差,阻尼介质通过阻尼孔,产生阻尼力,达到消能减震的目的。阻尼器的阻尼特性是加载速度的函数,$F = Cv^{\alpha}$。式中:C 为阻尼常数,v 为加载速度,α 为速度指数。因阻尼器的内部构造不同,速度指数通常在 0.1~1.0 之间。此外阻尼力还与活塞面积、阻尼孔大小和长度、振动频率、温度、阻尼材料类别等因素有关。

黏滞阻尼器和聚四氟乙烯滑动支座组合也是一种常用的减震、隔震支座。但该种支座成本较高。

另一种黏滞阻尼型减震装置为速度锁定器(LOCK UP),设置在桥梁的活动支座处,发生地震时,速度锁定器锁定,使桥梁的活动支座与固定支座共同承受地震力。

三、摆锤式减震、隔震支座

摆锤式减震、隔震支座是 1985 年由美国地震保护体系(EPS)公司研制而成,并首先用于房屋建筑结构。摆式减震、免震支座的本质也是摩擦阻尼支座,但它是依靠两个曲面的摩擦来实现支座的正常功能。支座的下支座板是一个较大半径的凹球面,地震时支座中心部分的摆动球面板,沿下支座板的凹球面发生摆动位移,利用一个简单的钟摆机理延长下部结构的自振周期,以减小地震力的作用。同时,在地震时,摆动球面板沿下支座板摆动时,球面板的高程发生变化,使上部结构抬高,通过势能作功,达到消耗地震能的目的。支座的摆动球面板在地震后,将通过上部结构的自重自动复位。支座可以在任何方向滑动,其尺寸主要由最大设计地震位移控制。图 2 – 10 为摆锤式减震、隔震支座的构造图。

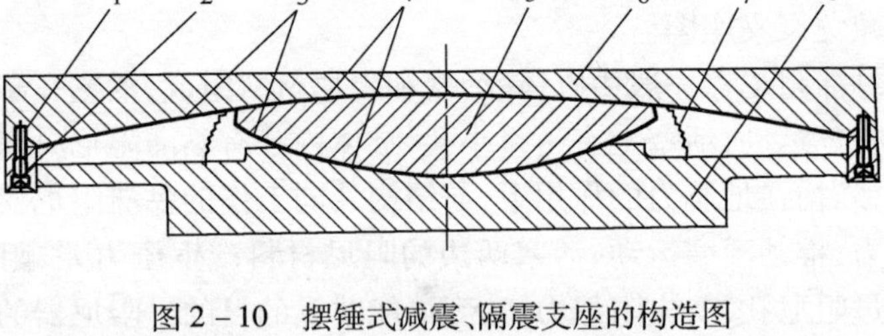

图 2 – 10　摆锤式减震、隔震支座的构造图

1—剪力螺栓;2—抗件挡块;3—球面不锈钢板;4—球面滑块;
5—球面板;6—上支座板;7—防尘构造;8—下支座板

该隔震装置的作用原理是比较简单的,桥面支承在可滑动的球形曲面上,当桥面与桥墩发生相对位移时,它就像钟摆一样运动。钟摆长度为球面的曲率半径,通过调整球面半径,可以调整支座的隔震周期。同时,任何一个水平运动都会产生一个重力的竖

向提升，通过势能做功，消耗地震能。

目前摆锤式减震、隔震支座已经用于房屋结构和一些桥梁结构上，但由于摆锤式减震、隔震支座在发生支座位移时，都伴随着引起支座高度的变化，因此在大跨度长联连续梁上使用时，由于支座在各个桥墩上的温度位移各不相同，会引起各支点的高程变化，产生支座的附加应力。因此，新西兰的学者认为，该支座可能将局限于小或中等重量的特殊部件的隔震。日本学者则认为该支座的实用化尚存在许多待研究的问题。目前苏通长江大桥上采用了摆锤式减震、隔震支座，但该支座在顺桥向采用柱面形式（为克服支座正常位移时球面的高程变化），因此该支座只能在横桥向起到摆锤式减震、隔震支座的作用，而在顺桥向起不了减震、隔震的作用。

四、铅芯橡胶支座和高阻尼橡胶支座

铅芯橡胶支座和高阻尼橡胶支座也是在国外桥梁上广泛使用的隔震支座，该类支座主要利用支座在地震作用下产生较大的橡胶剪切变形，耗散地震能量。详细情况在以后相关章节介绍。

第三节　桥梁减震、隔震支座的分类

针对众多的减震、隔震支座和装置的形式，2009 年 11 月欧洲标准化委员会颁布了 EN 15129—2009《减震、隔震装置》标准[6]，对减震、隔震装置（支座）做了详细的分类，见表 2－2。根据该标准，将减震、隔震装置区分为刚性连接装置、位移相关型装置、速度相关型装置和隔震器几种。作为隔震器，包括铅芯橡胶支座、高阻尼橡胶支座、球面摩擦支座和平面摩擦支座等。这是迄今为止国际上最全面、最完善的一本减震、隔震装置的标准，可供我国广大技术人员参考。

表 2－2　减震、隔震装置的分类表（EN 15129）

装置描述			图形表述			备　注
			平面图	正视图		
				X 方向	*Y* 方向	
刚性连接装置（RGDS）	永久性连接装置（PCDS）	固定				这种装置对应于 EN 1337—1：2000（＊）表 1 中 8.1（约束支座）类
		可移动	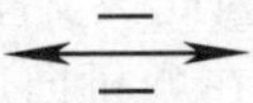	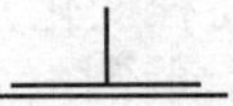	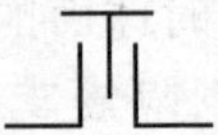	这种装置对应于 EN 1337—1：2000（°）表 1 中 8.2（导向支座）类
	保险丝约束	机械保险丝约束（MFRs）	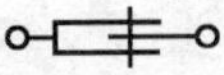	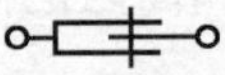		
		液压保险丝约束（HFRs）	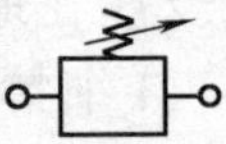	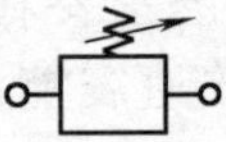		
		临时连接装置（TCDs）	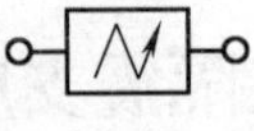	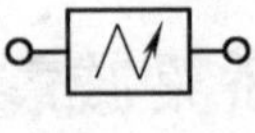		这种类型的装置通常被称为冲击传递装置（STU）
位移相关型装置（DDDs）		线性装置（LDs）				
		非线性装置（NLDs）	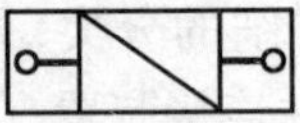			
速度相关型装置		流体黏滞阻尼器	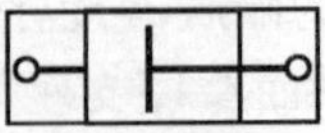	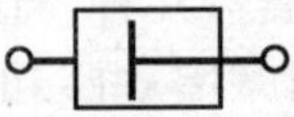		此图型同样适用于两轴阻尼器
		流体弹簧阻尼器		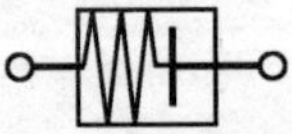		

续上表

装置描述		图形表述			备　注
		平面图	正视图		
			X 方向	Y 方向	
隔震器	弹性体（板式橡胶支座）				隔震器设置在变形位置，以注重其横向柔性
	铅芯橡胶支座				
	曲面滑块				符号适用于单、双向曲面滑动
	平面滑块		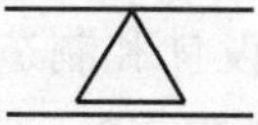		符号适用于 EN 1337—1:2000（■）中表 1 的 2.3 类和 3.5 类

注：1. * 此种类型将对应于 EN 1337—1 修订版表 1（约束支座）F.0 类。

2. ◦ 此种类型将对应于 EN 1337—1 修订版表 1（导向支座）G.1 类。

3. ■ 此种类型将对应于 EN 1337—1 修订版表 1 中 P.2 和 S.2 类。

第三章　桥梁减震、隔震支座基本性能要求及检测

第一节　桥梁减震、隔震支座基本性能要求[3]

一、桥梁减震、隔震支座的一般设计准则

桥梁减震、隔震支座的一般设计准则应包括：基本性能要求、装置的可靠性、结构构造要求。

1. 桥梁减震、隔震支座的基本性能要求

作为桥梁结构的一个重要组成部件，桥梁减震、隔震支座及其与结构的连接部件，在设计和制造时应能承受相应的地震作用，而不应出现局部或者整体的损坏，在地震过后还应保留一定的残余抗力，并具有可应用的残余承载力。

桥梁减震、隔震支座及其与结构连接部分，应设计和建造成能承受发生概率比设计地震更大的地震，不发生损坏，且没有相关的使用限制。在设计地震作用下，装置预计将不承受或者承受很小的损坏，不需更换。

2. 增强结构系统的可靠性

减震、隔震支座及其与结构连接部分需要增强可靠性。可以通过对设计地震位移乘以放大系数 γ_X 来实现。对于不是用于隔震系统的装置，根据其在地震发生以后对结构稳定性所起的作用，对作用在减震、隔震支座及其与结构连接部分的地震作用，必须乘以大于或等于 1 的可靠性系数。我国(GB 50111—2006)《铁路工程抗震设计规程》规定，结构连接部分的可靠性系数为 1.5。

3. 减震、隔震支座功能要求

减震、隔震支座及其与结构连接部分应满足功能要求，依照其整个使用寿命中的设计要求和容许偏差进行设计和制造，并应符

合相应的力学、物理、化学、生物和环境条件。

减震、隔震支座及其与结构连接部分在建筑物的整个使用寿命中，应便于日常的检测和更换，因此，必须在结构设计时考虑便于设备和人员的可达性。

4. 减震、隔震支座的结构和构造要求

减震、隔震支座及其与结构连接部分的设计和制造，应使其性能特点与设计要求相一致：

(1)破坏极限状态(ULS)的要求

减震、隔震支座及其与结构连接的部分应验证具有充分的稳定性，有合适的强度和延性，以承受设计地震情形下的影响。在破坏极限状态下，装置及其与结构连接部分可以承受损坏，除熔断保护装置以外，其余部件应不失效。在遭受任何损坏之后，应当便于更换。减震、隔震支座的未损坏部分，应该留有一定的残余承载能力，其至少等于在地震之后可能产生的，支座直接承受的永久性作用，或者与设计情形相一致的各种作用的组合。

(2)正常使用极限状态要求

在正常使用极限状态下，减震、隔震支座及其与结构连接部分应处于良好的使用状态，并应进一步考虑其在地震作用下的性能。地震后支座遭受破坏很小，支座的使用功能不应失效，并不需要立即修复。

5. 减震、隔震支座的性能应符合相关标准的要求

减震、隔震支座及其与结构连接部分的性能要求，应依据所使用减震、隔震支座的类型，满足各类相关支座标准中，相应条目的要求。

6. 减震、隔震支座在使用中，应考虑各种地震作用和地震作用组合对减震、隔震支座的影响。

7. 减震、隔震支座以及与结构连接部分在整个使用寿命中应具有充分的可靠性。

这是由于地震作用的内在不确定性所决定的。因此，对减震、

隔震支座及其与结构的连接部件材料的选择和加工方法的选择，应该与结构设计要求一致；装置及其零部件的机械性能应具有良好的重复性，其相关机械和物理特性应当是通过足够的模型试验和测试所确定的，对每种减震、隔震支座都应通过合适的性能测试进行评估。

减震、隔震支座除了满足设计的地震作用外，应具有足够的可靠性系数，同时不应该有发生灾难性的失效风险。

通过装置传递到连接部分的地震作用，应当具有等于 1.1 倍的强度安全系数。

二、减震、隔震支座用材料的性能要求

(1)装置及其与结构连接部分材料的使用，应符合现行的相关标准。材料特性，应适当评估，以使材料在设计地震情形中能达到的应变和应变率情况下，充分地表现其性能。

(2)材料特性应考虑到装置在其整个使用寿命中能遇到的各种环境(物理、生物、化学以及核)条件。特别应考虑温度变化造成的影响。

(3)材料特性应考虑到其在装置使用寿命中会出现的老化现象。

三、减震、隔震支座隔震性能的验证

任何类型的减震、隔震支座，都要经过技术验证程序，其中应包括证明该减震、隔震支座符合其功能要求的成分。应能证明该减震、隔震支座在其使用寿命内，在包括有地震作用在内的使用领域内能保持其功能。减震、隔震支座隔震性能的验证至少要包含以下要求：

(1)验证程序包涵所考虑减震、隔震支座类型相关参数变化的叙述；

(2)减震、隔震支座估计预期使用寿命的方法；

(3)减震、隔震支座在其使用寿命期间功能可靠和稳定能力

的验证；

(4)减震、隔震支座的各部件的机械性能限值；

(5)减震、隔震支座可应用的环境条件范围；

(6)减震、隔震支座在超出设计地震作用下的性能说明，用以确定安全系数 γ_m 值；

(7)减震、隔震支座设计分析所采用的本构关系；

(8)减震、隔震支座在不同使用条件下的本构模型的说明，在使用寿命期间预计的典型物理现象，特别是在设计地震运动期间的本构关系；

(9)减震、隔震支座所要求的型式试验内容，应包涵相关参数的预期使用范围。

应为装置提交一个验证文件，该文件包括验证程序收集的所有内容。至少要包含其性能清单和说明书，包括其使用领域，本构率，分析模型以及相关联的细节。应包括与几何、物理、生物、化学以及机械特性和公差相关的所有信息。

四、减震、隔震支座在产品供货时应提供以下完整的技术文件

(1)文件必须说明装置的类型、性能、使用温度范围以及其他应考虑的特定环境条件。

(2)文件必须说明装置及其与结构连接部分的相关细节、尺寸和公差。

(3)文件应包括设计检查和有关型式试验结果，以及项目使用装置的工厂生产控制测试结果。

(4)文件应说明装置在结构上安装位置的特殊要求。

(5)文件应包含相关规定的检查和维护方案的详细描述。

(6)文件应包含对装置更换方案的说明。

第二节　桥梁减震、隔震支座的性能变异[3]

在地震设计分析中必须考虑减震、隔震支座性能的变异。

减震、隔震支座装置性能的变异有以下影响因素：

(1)减震、隔震支座性能应考虑加载历程和累计应变循环的影响。

(2)减震、隔震支座和装置性能应适当评估，以能充分描述其在设计地震情形中所能达到的形变或形变率下的性能。减震、隔震支座性能应考虑到支座在其整个使用寿命中能遇到的各种环境（物理、生物、化学以及核）条件，特别应考虑温度变化造成的影响。

(3)减震、隔震支座性能应考虑到支座使用寿命中会出现的老化现象。

上述所有的设计(平均)性能均应由支座的型式试验得出，通过型式试验得出减震、隔震支座性能的上、下限：设计性能上限(UBDP)和设计性能下限(LBDP)。

减震、隔震支座性能的总体变化应控制在上限与下限之间。下限值对应于支座性能的最低代表值，上限值对应于支座性能的最大代表值。上、下限值的获取，应通过考虑可变作用的准永久值（除了应考虑可能发生的温度条件外）。可变作用依据 EN 1990《结构物的作用》，在地震作用组合中规定。

设计性能上限值和设计性能下限值是通过性能测试来获得的。任何性能相关装置特性的上、下限代表值之比不能超过一定的规定。通常下限值和上限值代表值应由型式试验和下列变化决定：

(1)工厂生产控制性能测试容许误差为 ±20%；

(2)支座在设计地震作用下，环境温度处于上限值和下限值(T_U 和 T_L 之间变化)时，支座性能的变化；

(3)支座性能的老化，支座的老化寿命与使用寿命一致。

在结构分析时，应把设计性能上限值(UBDP)和设计性能下限值(LBDP)所导致的极限情形考虑在内。

减震、隔震支座可能发生的性能变异主要有以下因素：

1. 引起设计特性变异的因素

(1)设计隔振系统时所用的设计特性上限和设计特性下限(UBDPs 和 LBDP)的估算,应通过评估下列因素对每个特性的影响来确定:

1)f_1 老化(包括腐蚀);

2)f_2 温度(最小隔振器设计温度 $T_{min,b}$);

3)f_3 污染;

4)f_4 累积行程(磨损)。

通常受上述因素影响的往复响应的设计特性为:

1)屈服后刚度 K_p;

2)零位移下的力 F_0。

(2)地震设计情况中减震、隔震支座的最低使用温度 $T_{min,b}$ 应对应于桥梁位置的大气温度。其推荐值如下:

$$T_{min,b} = \psi_2 T_{min} + \Delta T_1$$

式中 T_{min}——在桥址处平均年超越概率为 0.02 的最小背阴面的大气温度;

ψ_2——地震设计情况中温度作用的组合系数,$\psi_2 = 0.50$;

ΔT_1——根据桥梁主梁使用材料确定的系数,见表 3-1。

表 3-1 根据桥梁主梁的材料取为下列值

确定最小隔振器温度的 ΔT_1 值主梁材料为	混凝土	叠合梁	钢
ΔT_1(℃)	7.5	5.0	-2.5

2. 各项变异性能的估算

欧标 EN 1998—2《结构抗震设计—桥梁》标准对影响隔震装置性能参数的变异性,给出了以下考虑的方法:

(1)各个影响因素 f_i($i = 1 \sim 4$),对各个设计特性的影响应通过下列比较来计算:

1)由因素 f_i 导致的设计特性最大和最小值(max DP_{fi} 和 min DP_{fi});

2)由原型试验得到的相同特性的最大和最小标准值(max

DP_{nom} 和 min DP_{nom})。

每个因素对所分析的设计特性的影响系数 λ,按下式确定:

$$\lambda_{max,fi}=\frac{maxDP_{fi}}{maxDP_{nom}}$$

$$\lambda_{min,fi}=\frac{minDP_{fi}}{minDP_{nom}}$$

(2)在设计中所使用的有效上限值 UBDP 应估算如下:

$$UBDP=maxDP_{nom}\cdot\lambda_{U,f1}\cdot\lambda_{U,f2}\cdot\cdots\cdots\cdot\lambda_{U,f5}$$

其中修正系数为:

$$\lambda_{U,fi}=1+(\lambda_{max,fi}-1)\cdot\phi_{fi}$$

其中,组合系数 ϕ_{fi} 为考虑所有最不利因素效应同时发生的概率折减,见表 3－2。

(3)在设计中所使用的有效下限值 LBDP 的估算方法与(2)相同,而对于一般使用的黏弹性支座(铅芯橡胶支座和高阻尼橡胶支座)和摩擦隔震支座,通常假定为:

$$\lambda_{min,fi}=1$$

因此,LBDP = minPD_{nom}。

表 3－2　组合系数 ϕ_{fi}

重要等级	组合系数 ϕ_{fi}
Ⅲ	0.90
Ⅱ	0.70
Ⅰ	0.60

(4)对于液压阻尼器在缺少试验资料时,可假定:

$$UBDP=maxDP_{nom}$$

$$LBDP=minDP_{nom}$$

3. 减震、隔震支座的变异系数 λ_{max} 值

欧标 EN 15129—2009《减震、隔震装置》给出了减震、隔震支座的各项变异系数 λ_{max} 值,可供设计时参考。

(1)弹性隔震器的 λ_{max} 值

除非有更可靠的试验的验证,否则表 3－3 ~ 表 3－6 给定的 λ_{max} 值,可用于评估作为上限设计特性值。

表 3-3　老化 f_1

隔震装置	$\lambda_{max,f1}$	
	K_p	F_o
板式橡胶支座(LDRB)	1.1	1.1
高阻尼橡胶支座Ⅰ(HDRB1)	1.2	1.21
高阻尼橡胶支座Ⅱ(HDRB2)	1.3	1.3
铅芯橡胶支座(LRB)	—	1.0

表中橡胶支座的标志含义如下:

LDRB:指在 100% 的剪切变形下,剪切模量大于 0.5 MPa 的低阻尼橡胶支座;

HDRB1:指阻尼比在 $\xi_{eff} \leq 0.15$,且在 100% 的剪切变形下,剪切模量大于 0.5 MPa 的高阻尼橡胶支座;

HDRB2:指阻尼比在 $\xi_{eff} > 0.15$,且在 100% 的剪切变形下,剪切模量大于 0.5 MPa 的高阻尼橡胶支座;

LRB:铅芯橡胶支座。

表 3-4　温度 f_2

设计温度 $T_{min,b}$(℃)	$\lambda_{max,f2}$					
	K_p			F_o		
	板式橡胶支座	高阻尼橡胶支座Ⅰ	高阻尼橡胶支座Ⅱ	板式橡胶支座	高阻尼橡胶支座Ⅰ	高阻尼橡胶支座Ⅱ
20	1.0	1.0	1.0	1.0	1.0	1.0
0	1.3	1.3	1.3	1.1	1.1	1.2
-20	1.4	1.4	1.4	1.1	1.3	1.4
-30	1.5	2.0	2.5	1.3	1.4	2.0

注:$T_{min,b}$是抗震设计位置的最低隔震器温度,取决于桥梁所处的位置。

表 3-5　污染物 f_3

$\lambda_{max,f3} = 1.0$

表3-6　积累历程 f_4

橡胶	$\lambda_{max,f4}=1.0$
铅芯	由试验确定

(2)摩擦型隔震器的 λ_{max} 值

除非有更可靠的试验的验证,否则表3-7~表3-10给定的 λ_{max} 值,可用于评估作为上限设计特性在零位移时的最大力 F_0。无润滑的聚四氟乙烯的值可以用于曲面滑块。

表3-7　老化 f_1

	$\lambda_{max,f1}$					
组件	无润滑的聚四氟乙烯		润滑的聚四氟乙烯		双金属表面	
环境	密封	无密封	密封	无密封	密封	无密封
正常的	1.1	1.2	1.3	1.4	2.0	2.2
严峻的	1.2	1.5	1.4	1.8	2.2	2.5

表中的数值考虑设计为以下状态:

1)假定是不锈钢滑动平板;

2)假定未密封的状态是允许滑动表面暴露在水和盐雾环境中;

3)严峻的环境包括海洋和工业区的环境状态;

4)双金属表面的数值应用于不锈钢和青铜表面。

表3-8　温度 f_2

设计温度	$\lambda_{max,f2}$		
$T_{min,b}$(℃)	无润滑聚四氟乙烯	润滑的聚四氟乙烯	双金属表面
20	1.0	1.0	由试验确定
0	1.1	1.3	
-10	1.2	1.5	
-30	1.5	3.0	

表 3－9　污染物 f_3

	$\lambda_{max,f3}$		
安装	无润滑聚四氟乙烯	润滑的聚四氟乙烯	双金属表面
密封，不锈钢表面向下	1.0	1.0	1.0
密封，不锈钢表面向上	1.1	1.1	1.1
不密封，不锈钢表面向下	1.2	3.0	1.1

注：表 3－9 中的数值考虑以下状态：假定在所用使用状态下，底座的密封都能提供污染物保护。

表 3－10　积累历程 f_4

	$\lambda_{max,f4}$		
积累历程 L(km)	无润滑聚四氟乙烯	润滑的聚四氟乙烯	双金属表面
$L \leq 1.0$	1.0	1.0	由试验确定
$1.0 < L \leq 2.0$	1.2	1.0	

第三节　桥梁减震、隔震支座性能检测

减震、隔震支座的性能检测是确保支座在地震时发挥隔震功能的关键，为此，欧美各国对减震、隔震支座的性能检测极为重视。美国偏重于减震、隔震支座在地震台上的性能测试，以模拟支座在地震时的实际工作状态。而欧洲偏重于单个减震、隔震支座在双轴试验装置下的性能试验。

一、美国 AASHTO《地震隔震设计指南》标准对隔震装置的性能检验要求[7]

依据美国 AASHTO《地震隔震设计指南》的规定，阻尼体系应进行以下三个方面的性能检验：(1)体系的特性试验，(2)型式试验，(3)质量控制试验。

1. 减震、隔震体系的特性试验

减震、隔震体系的特性试验包括单独的阻尼单元的性能试验

和地震台试验,地震台试验可取缩尺不小于1/4的试样、在经过工程师批准后进行。试验内容包括如下:

(1)低温试验:隔震阻尼单元应根据所处使用环境温度区域,分别进行在 -7 ℃、-15 ℃、-21 ℃和 -26 ℃条件下的性能试验。

(2)磨耗和疲劳试验:隔震阻尼单元的磨耗和疲劳试验应根据实际的位移和转角确定,并考虑30年的位移和转角,按实际的接触压力,在温度20 ℃ ±8 ℃、相对位移速度63.5 mm/min条件下作试验。最小的试验距离对设置在支座处和梁体腹板中心处的阻尼单元为1.6 km,对设置在梁底板处的阻尼单元为3.2 km。

2. 减震、隔震体系的型式试验

为了确定阻尼单元在设计和分析中的参数,需要进行减震、隔震体系的型式试验。试验可采用能代表实际结构性能参数的模拟试样。模拟尺寸的阻尼单元的试验必须满足以下的试验要求,这些试验提供的设计特性可以外推用于实际尺寸的阻尼单元上。

型式试验至少应进行两个阻尼单元足尺的试验和在设计中使用的模拟试样的试验,试件应包括在设计中采用的相应弹性限位体系,如果它们的刚度和阻尼特性在完成全部型式试验后满足规定的要求,经过型式试验后的试件可用于结构上。只有在受试验设备能力所限,无法进行足尺试验时,经有关工程师批准后,才允许进行缩尺型式试验。

如果用缩尺的型式试验来确定阻尼单元的特性值,试样的几何尺寸的模拟,应采用相同的型式和材料,试样的制造过程和质量应与足尺部件相一致,并能经常用于代表足尺的型式试验。

阻尼单元应进行以下垂直荷载和水平位移之下的型式试验:

(1)温度位移试验——施加最大温度下的水平位移,以0.003英寸/min的速度,往复循环3次。

(2)风力和制动力试验——在最大正、负荷载之下往负20次,总时间不少于40 s,在往复试验后,应在最大荷载下保持60 s。

(3)地震力试验——在总设计位移0.25倍、0.50倍、0.75

倍、1.0 倍和 1.25 倍作用下，往复加载 3 次。

(4) 地震力试验——在 1.0 倍设计位移之下，进行 $(15S_i)/B$ 次，但不少于 10 次不多于 25 次的往复加载。试验应在已发生温度位移的基础上进行，其中 S_i 为地震的场地系数（1.0 ~ 2.7），B 为阻尼单元的阻尼系数（0.8 ~ 2.0）。

(5) 风力和制动力试验——在最大正、负荷载之下往复 20 次，总时间不少于 40 s，在往复试验后，应在最大荷载下保持 60 s。该试验在阻尼单元经过地震荷载试验后进行。

(6) 地震参数的确定——由在总设计位移之下 3 次往复加载试验确定。

(7) 承受垂直荷载的阻尼体系应在给定位移之下进行一次循环压缩试验，试验垂直荷载的最大值为 $1.2D + LLs + OT$，最小值为 $0.8D - OT$。其中：D——恒载，LLs——地震活载，OT——由水平力作用引起的倾覆力矩所产生支座的竖向附加力。

阻尼特性设有在一定地震力作用下被剪断的弹性限位装置时，其极限能力应由试验确定。型式试验和质量控制检验应包括全部阻尼体系的组成部件。

对没有限位约束的弹性阻尼单元，应进行加载方向和垂直于加载方向的试验；对设有限位约束的弹性阻尼单元，或那些对垂直方向作用敏感的阻尼单元，应按 45°角方向进行试验。

如果动力试验在阻尼结构有效周期 0.5 ~ 1.5 倍的倒数为频率下进行，在设计位移之下的 K_d 和 Q_d 之值的偏差超过 ±15% 的范围，阻尼单元的力 - 位移特性应考虑加载速度的影响。如果阻尼单元的力 - 位移特性取决于加载速率，则本节规定的试验频率应等于阻尼结构有效周期的倒数。如果动力试验无法进行，相对于 K_d 和 Q_d 的修正系数 λ，可以通过相关的动力试验来确定。

3. 减震、隔震体系特性的确定

阻尼体系的力 - 位移特征值，应由加载循环试验的结果来确定。阻尼单元的有效刚度由加载循环试验按下式计算：

$$k_{eff}=\frac{F_p-F_n}{\Delta_p-\Delta_n}$$

式中 Δ_p 和 Δ_n——最大正位移和最大负位移；

F_p 和 F_n——相应 Δ_p 和 Δ_n 时的最大正压力和最大负压力。

阻尼体系的等效阻尼比按下式计算：

$$\beta=\frac{1}{2\pi}\times\frac{A_{EDC}}{\sum(k_{eff}d_i^2)}$$

式中 A_{EDC}——力－位移滞回曲线包络图的面积，按在最大设计位移下 3 次循环试验的最小包络面积计算；

d_i——设计位移；

k_{eff}——有效刚度。

阻尼体系试样试验结果应满足以下各项参数：

(1)所有进行型式试验的黏滞阻尼单元的力－位移曲线，应呈现力－承载能力正增长的趋势，并能符合水平恢复力的要求。即在设计位移 d_i 时的恢复力应大于在 50% 设计位移($0.5d_i$)时的恢复力，且恢复力不小于 $W/80$。W 为所设计的阻尼体系的总垂直荷载。

(2)阻尼单元试样在进行温度位移试验中，所测定的最大力值应小于设计值。

(3)阻尼单元试样在进行风力、制动力和地震力作用下的位移试验中，所测定的最大位移值应小于设计值。

(4)阻尼单元试样在进行地震力作用下的位移试验中，最后 3 次循环所测定的平均有效刚度值与设计值的偏差在 10% 以内。

(5)阻尼单元试样在进行地震力作用下的位移试验中，在 3 次循环所测定的平均有效刚度最小值，不得小于最大有效刚度的 80% 。

(6)阻尼单元试样在进行地震力作用下的位移试验中，在规定数量的循环中，所测定的平均有效刚度最小值，不得小于最大有效刚度的 80% 。可以为设计接受的最大值，由工程师谨慎判断。

(7)阻尼单元试样在进行地震力作用下的位移试验中，在规定数量的循环中,所测定的最小滞回曲线包络图面积(A_{EDC}),不得小于最大滞回曲线包络图面积的 70% 。可以为设计接受的最大值,由工程师谨慎判断。

(8)所有承受垂直荷载的阻尼单元,应在给定的荷载作用下,在规定的位移之下,保持稳定。

(9)阻尼单元试样应用目测检查是否有明显的损害迹象,如果有任何损害存在,应由工程师来判断。

二、欧洲 EN 1998—2《桥梁抗震设计》对减震、隔震支座的性能检测要求[3]

为了验证地震隔震装置设计特性,在欧洲 EN 1998—2《桥梁抗震设计》中,对减震、隔震支座的性能检测提出了详细的要求。

桥梁在设计和分析中使用的隔震装置的变形特征和阻尼值范围,应通过原型试验验证。原型试验目标是建立或者验证在设计中使用的隔震装置设计特性的标准值范围,这些试验通常针对特定项目进行。在受设备能力限制时,也可以采用具有类似类型和尺寸、具有类似设计参数值的已有样本试验的结果。磨损、疲劳和低温试验的目的是为了确认隔震装置在特殊条件下的性能,通常是在需要时才进行测试。

(一)减震、隔震支座原型试验

1. 总则

(1)试验应最少采用两个样本。样本在原型试验前应不能受到任何侧向和竖向荷载。

(2)通常应使用足尺样本。只有当现有试验装备无法满足足尺样本试验所要求的能力时,权威部门可允许采用缩小比例的特定试验。

(3)当采用缩小比例的试验时,试验支座应是同样材料和类型,几何尺寸类似于足尺样本,并按照相同的流程和质量控制来生产。

2. 减震、隔震支座型式试验过程

(1)对所有一般类型和尺寸的隔震装置，应在等于平均永久荷载的竖向荷载下，在预定周期内，进行下列试验过程：

① T_1 以不小于 0.1 mm/min 的速度，在正负最大温度位移下，进行 3 个完整的往返周期，用于测定支座在正常温度位移下的性能。

② T_2 以平均 0.5 Hz 的试验频率，在正负最大非地震设计反力下，进行 20 个完整的反复周期。在周期试验后，荷载应在样本上持续 1 min，用于测定支座在没有地震作用时的水平承载能力，0.5 Hz 为标准试验频率。

③ T_3 在提高的设计地震位移下，进行 5 个往复周期，检验支座在提高的设计地震位移下的能力。

④ T_4 在提高的设计位移下进行 15 个往复周期，试验从正常使用条件下的偏心位置开始。试验周期应分三组，每组 5 个周期，每组间隔时间应能使允许样本进行冷却。检验支座的疲劳性能。

⑤ T_5 重复 T_2 试验，循环数量减少为 3 次。通过 T_5 试验计算出的等效刚度和等效阻尼比，与 T_2 试验结果的对比，以确定支座性能（等效刚度和等效阻尼比）的变化程度。

⑥ T_6 如果隔振装置同时要承受竖向荷载，则应在下列竖向荷载下、在最大设计地震位移之下，进行一次完整的反复荷载试验。

$$1.2Q_G + |\Delta F_{Ed}|$$
$$0.8Q_G - |\Delta F_{Ed}|$$

式中 Q_G——永久荷载

ΔF_{Ed}——基于设计地震作用下的峰值响应，由于地震倾覆效应引起的附加竖向荷载，本试验用于检验支座在最大设计地震位移之下的承载能力。

(2) T_3，T_4 和 T_6 项试验的试验频率，应等于隔振系统有效周期的倒数。对于加载速度的隔振性能影响不大的隔震装置，这个规则允许例外（加载速度对样本黏滞或摩擦发热有主要影响）。

此时可以认为隔振装置的力、变形特征和加载速率无关。当试验在设计位移下，以 0.2 到 2 倍的隔振系统有效周期倒数范围的频率下，进行三个完整往复周期试验，由试验所得滞回曲线求得的 F_0（反复加载在零位移时的水平力）和 K_p（等效水平刚度）值的差异，应小于 15%。

3. 隔震装置特性的确定

（1）隔震装置的力－位移特征

一个隔震装置的有效刚度，对应每个加载周期按下式计算：

$$K_{eff} = \frac{F_p - F_n}{d_p - d_n}$$

式中 d_p 和 d_n——最大正、负试验位移；

F_p 和 F_n——对于具有滞回和摩擦行为的隔振装置分别为最大正、负水平力，或者对于黏弹性隔震装置分别为对应 d_p 和 d_n 下的正、负水平力。

减震、隔震装置典型的力－变形曲线见图 3－1。

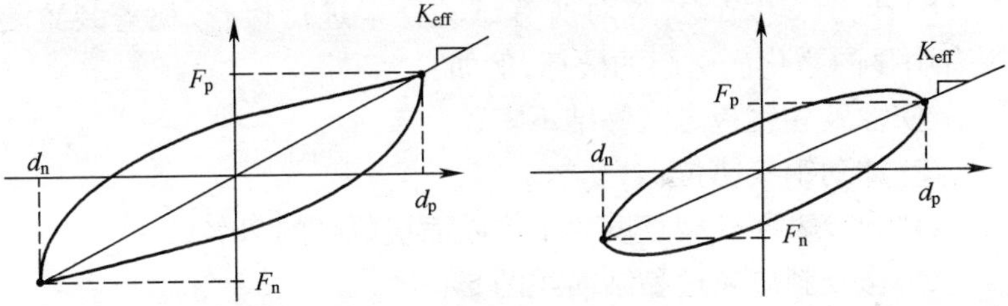

图 3－1 减震、隔震装置典型的力－变形曲线

（2）隔震装置的阻尼特征

隔震装置 i 每周耗散能量 E_{di}，应按每个加载周期进行计算，它是在上述 T_3 中，在总设计位移下一个完整的往复荷载下滞回曲线所包络的面积。

（3）隔震装置的系统充分性的评定

如果下列要求被满足，试验样本的功能应认为是合格的。

1）除了黏滞阻尼器，型式试验规定的所有试验中，力－位移曲线应该是随着力的增长,位移相应增长。

2)在型式试验规定的 T_1 试验中,测量到的最大力不能超过设计值的 5%。

3)在型式试验规定的试验 T_2 和 T_5 中,最大实测位移不能小于 90% 的设计值。

4)在型式试验规定的 T_3 试验中,隔震装置 i 有效刚度 K_{effi} 的最大值和最小值(以及相应的力-位移图),以及每周耗散的能量 E_{di},应由每4个连续周期试验的最大值和最小值的平均值来确定。这些标准特性应在设计假定的标准特性范围内。

5)在型式试验规定的 T_4 试验中,每 15 次周期加载测量到的最小和最大有效刚度的比值,不能小于 0.7。

6)在型式试验规定的 T_4 试验中,每 15 次周期加载测量到的能量消耗 E_{Dmin}/E_{Dmax} 不能小于 0.7。

7)在型式试验规定的试验 T_6 过程中,所有竖向力承载装置应维持稳定(即刚度增量为正值)。

8)作为试验结论,应对所有试验样本进行检查,检查装置是否有明显的恶化而引起的破坏,例如:

① 橡胶和钢板之间黏结不牢;

② 加劲钢板错位;

③ 橡胶表面开裂宽度大于橡胶面层厚度的 70%;

④ 橡胶剥离超过黏结面积的 5%;

⑤ 聚四氟乙烯(PTFE)与金属黏结区域的缺陷超过 5%;

⑥ 不锈钢板滑痕深度或宽度大于 0.5 mm,长度大于 20 mm;

⑦ 发生永久变形;

⑧ 泄漏。

(二)减震、隔震装置的其他试验

1. 磨损和疲劳试验

(1)这些试验应考虑由于温度和交通荷载位移引起的累积行程的影响,至少要考虑 30 年的使用生命。

(2)对于一般长度的桥梁(大于 200 m),除非通过计算有不同的值验证，最小累积行程取 2 000 m。

2. 低温试验

(1) 如果隔振装置在低温区域中使用，设计地震中最小隔振器温度 $T_{min,b} < 0$ ℃时，应在使用温度下进行试验。试验在设计位移下进行 5 个完整的往复周期加载，同时还应满足型式试验 T_3 规定的条件。在试验前，样本应在冻结温度下至少停放 2 天。试验结果应按隔震装置的系统充分性的要求进行评定。

(2) 在磨损和疲劳试验中，应在 $T_{min,b}$ 温度下进行 10% 行程的摩擦试验。

以上是欧洲 EN 1998—2《桥梁抗震设计》对减震、隔震支座的性能检测的相关规定，而在欧标 EN 15129—2009《减震、隔震装置》标准中，根据 EN 1998—2《桥梁抗震设计》标准，针对各种类型的减震、隔震装置的性能测试提出了更为具体的要求。为了确保在实际工程中使用性能合格的减震、隔震支座，EN 15129—2009《减震、隔震装置》标准中，除了对减震、隔震支座要进行严格的型式检验外，还要求对减震、隔震支座进行生产过程的严格检验，通常对待出厂的产品要抽取 10% ~ 20% 的成品，进行主要性能的检验。详细检验内容将在以后各章中作进一步的阐述。

关于减震、隔震装置的试验要求，概括起来主要为位移相关性、频率相关性、温度相关性、最大设计地震位移和最大设计承载力之下支座的性能检验，可以用于评定各种减震、隔震支座的减震与阻尼特性。为满足上述性能检测的需要，生产厂家和检测单位必须具备必要的测试设备，但目前国内检测能力明显不足，必须尽快增添相应的设备，才能保证生产进程中的质量控制和提供性能合格的产品。国内外一些主要的支座生产厂家，均具备必要的测试设备，见表 3 - 11。

图 3 - 2 是韩国 UNISION 公司的双轴试验装置，竖向力为 30 000 kN，水平力为 5 000 kN，承弯能力为 ±1 000 kN · m，水平位移 ±1 000 mm，水平加载速度为 ±20 mm/s，试验装置尺寸为 2 000 mm × 2 000 mm × 800 mm。

表 3－11　国内外双轴试验机一览表

支座公司名称	竖向反力（kN）	水平反力（kN）	水平位移（mm）	水平加载速度（mm/s）	备注
オイレス	20 000	±3 000	±500	16	日　本
SKELLERUP	40 000	±7 500			新西兰
UNISION	30 000	±5 000	±1 000	20	韩　国
广元	20 000	±3 000	±500		韩　国
ALGA	52 000	±5 000	±1 000		意大利
珠洲时代	52 000	±5 000	±1 000		中　国
同济	20 000	±3 000	±500		中国佛力
柳州 OVM	20 000	±3 200	±500		中国佛力
广州大学	15 000	±2 000	±500		
华中理工	20 000	±2 000	±500		

图 3－2　韩国 UNISION 公司的双轴试验装置

第四章　刚性连接装置

刚性连接装置是减震、隔震装置的一种形式，常常用来限制装置一个或者多个方向的位移，原则上它们不应该有任何水平方向的变形性能。常用的刚性连接装置可以分为永久连接装置、熔断保护装置和临时(动态)连接装置几种。

第一节　永久连接装置

永久连接装置允许支座竖向的移动和转动，但不应该承受竖向载荷和弯矩。永久连接装置可分为固定连接装置和单向可移动连接装置。固定连接装置应阻止梁体两个方向的运动，而单向可移动连接装置只阻止梁体一个方向的运动。

永久连接装置不改变结构的自振周期，也不耗散能量，它只用于保持结构的稳定位置，并承受梁体的地震水平力，属于“硬抗”的一种抗震装置。欧洲标准 EN 1337—8《导向支座和限位支座》就是一种典型的永久连接装置。图 4－1 为永久连接装置的一种形式。

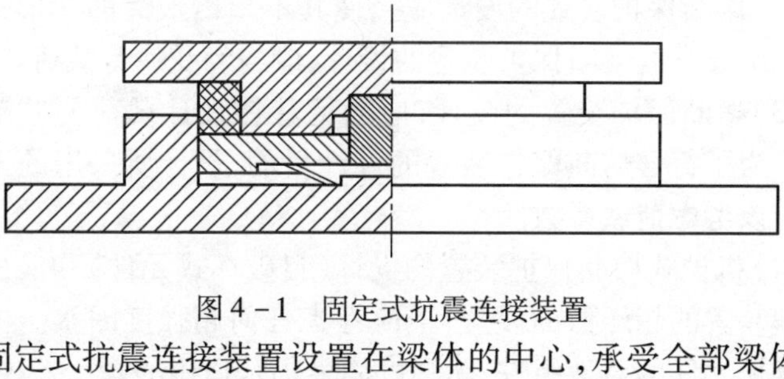

图 4－1　固定式抗震连接装置

固定式抗震连接装置设置在梁体的中心，承受全部梁体的地震水平力，但不承受竖直力，竖直力由设置在梁体两侧的多向活动支座承受。

第二节　熔断保护装置[6]

由于永久性连接装置只能承受地震水平力,不能改变结构的自振周期也不耗散能量,因而也不能减小地震对结构的破坏作用。为此希望在一个确定的预先设定的力的界限下,设置一种熔断保护装置或者自破坏性保护装置。平时该装置应该能阻止连接组件之间任何的相对运动,以承受桥梁正常使用状态下的水平力,发生地震时,当地震水平力超出该装置预设水平力的上述界限时,连接组件可以破坏,梁体可以发生自由运动,使其他的隔震装置发挥作用,达到地震耗能的目的。

熔断保护装置可以采用机械式的(机械式熔断保护装置),或者是液压式的(液压式熔断保护装置)。

熔断保护装置的主要功能是用于实现正常应用和地震载荷状态之间的转变。他们以刚性的方法连接两个结构组件,在正常使用状况下能够阻止相对运动。但当超出预先设置力的界限时,他们不再连接上面提到的结构组件。

1. 熔断保护装置的设计要求

(1)熔断保护装置的设计应当使其经受正常使用载荷时不屈服、不失效。

(2)熔断保护装置的设计应当使其不超出最大的变形量。有特殊应用要求的熔断保护装置的设计,应当经受疲劳载荷。

(3)熔断保护装置的设计,应当使其在设计载荷公差范围内工作。为了符合熔断保护装置的设计目的,设计所采用的工作负荷不应该考虑荷载系数。

(4)机械式熔断保护装置的设计(自破坏式元件)和液压式熔断保护装置的超压值的设置,不应考虑任何超强度因素。但对于熔断保护元件的其他组件,超强度因素仍是适用的。

(5)熔断保护装置失效之后,熔断保护装置不应干涉其他抗震装置(如有的话)的功能。

2. 熔断保护装置的型式试验

(1)熔断保护装置在正常使用载荷作用下的性能测试

保险熔断保护装置应当能承受最大使用载荷作用下的3次加载测试,装置不应发生屈服和破坏。在第三循环加载时,相应于最大使用荷载下所测量的变形,不应小于或等于设计荷载下的变形。

(2)熔断保护装置的疲劳测试

对需要承受疲劳作用的部件,都应进行疲劳测试。保险熔断保护装置应当在预期的疲劳载荷下进行200万次疲劳试验,不发生任何屈服和失效。为了确认疲劳效果不影响保险熔断保护装置的强度,所述试验应当使用两个样件进行。一个承受到疲劳载荷,另一个不承受疲劳载荷。

(3)熔断保护装置的破坏断裂试验

熔断保护装置将承受一个单向载荷作用,一直到它断裂破坏。该破坏荷载应在结构工程师给出的设计载荷公差范围内。在没有结构工程师给出的公差限值范围的时候,推荐±15%为典型的公差限值。

3. 熔断保护装置的工厂生产控制实验

如果制作产品使用的原材料与制作原型的原材料不是一个批次时,所应用批次的材料的设计载荷公差不应该超出限值。

第三节 临时(动态)连接装置[6]

临时(动态)连接装置又称速度锁定装置,在桥梁的温度、混凝土收缩和徐变等缓慢变位作用下,该装置发生位移而不产生过大的约束阻力,在地震作用的快速荷载作用下,临时(动态)连接装置锁定。临时(动态)连接装置常常与普通盆式支座和球形支座的活动支座配合使用,以便在地震发生时,锁定摩擦滑动式活动支座,使其不滑动,与固定支座共同承受地震水平力。图4-2为设置了临时(动态)连接装置的盆式支座。图4-3为在梁部中心设置临时(动态)连接装置,两侧为普通的摩擦滑动型支座。图4-4为速度锁定装置的结构示意图。

图 4－2　设置了临时(动态)连接装置的盆式支座

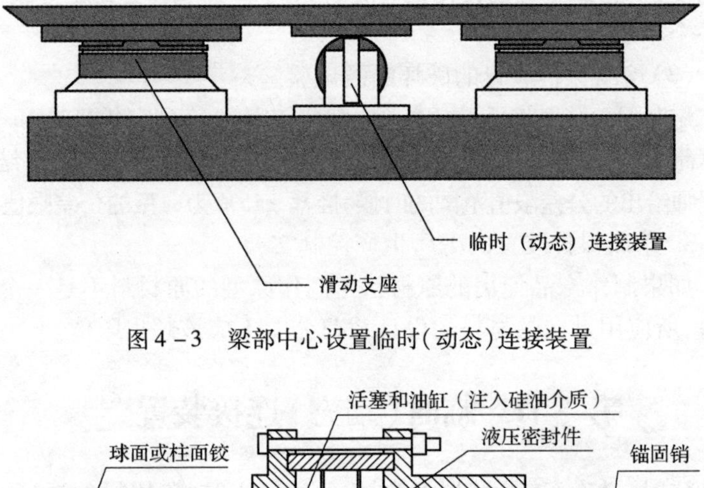

图 4－3　梁部中心设置临时(动态)连接装置

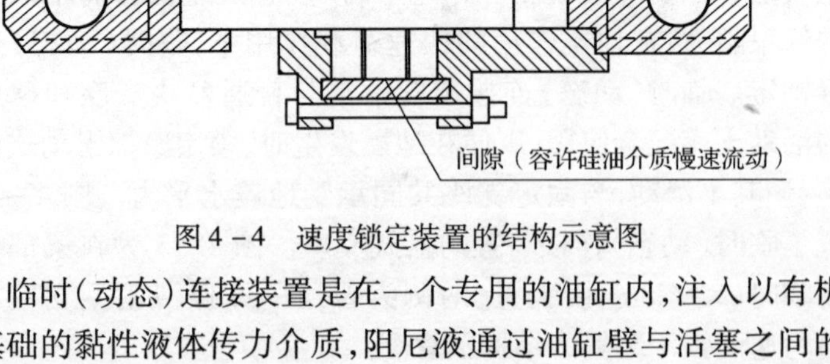

图 4－4　速度锁定装置的结构示意图

临时(动态)连接装置是在一个专用的油缸内,注入以有机硅为基础的黏性液体传力介质,阻尼液通过油缸壁与活塞之间的间隙（或在活塞上设置导流孔）流动时产生摩擦阻尼，由于温度或其他缓慢作用的位移下，装置可以在很小的阻力下发生位移，而在制动、地震和风力等快速荷载作用下装置锁定，形成一种刚性的固定连接装置。

临时（动态）连接装置（速度锁定器）又称冲击传递装置（STUs），其主要性能要求如下：

· 对于低速运动（$v < v_1, v_1 \leqq 0.1$ mm/s），如温度效应，混凝土收缩、徐变，位移是自由的。

· 对于高速运动（$v > v_2, v_2 \leqq 1$ mm/s），如地震或制动，位移受约束，可视为刚性连接。

1. 临时（动态）连接装置的功能性要求

（1）临时性连接装置应当提供一个拉、压状态的输出力。当荷载作用速度超出要求时，装置输出的拉力和压力所发生的位移，应满足设计位移要求。即临时性连接装置锁定时，装置的位移应满足设计要求。

（2）由于温度或其他缓慢作用的位移，临时性连接装置的反作用力应当小于设计力的10%，或者这个反作用力的值满足结构工程师的特别设定的值。由温度和/或时间相关作用的影响引起的位移速度，通常可以按0.01 mm/s取值，也可以根据结构的特性来确定得出。

（3）临时性连接装置的输出力应当只由速率决定，并且不随它的初始位置和温度而改变。

（4）临时性连接装置应在指定的地震烈度下作用，并且不降低参数或者寿命。

（5）临时性连接装置的设计行程，应当考虑长时间的作用，包括温度位移、动态变形和必要的变形余量。装置的变形余量对于桥梁不低于±50 mm，对建筑不低于±25 mm。

（6）为了保持临时性连接装置的传递载荷时对准其主轴，并且应防止发生对于密封系统的损害的弯折，在临时性连接装置的两端应当装备有球形铰链。铰链设计转角在任何情况下应该不小

于 ±2°。装置的定位板或者其他构件不应当妨碍铰链的转动。

2. 临时(动态)连接装置的材料性能

(1)临时(动态)连接装置加工用材料应符合相关标准的要求。

(2)装置用活塞杆的有效表面应当由不锈钢制作,或者经过适当的镀镍和/或硬铬。硬镀层的最小总厚度为 70 μm。当材料基底为不锈钢时,镀层的最小总厚度可下降到 40 μm。镀层应当没有破裂和气孔。基层材料的表面应当没有气孔、收缩裂缝和杂质。最终镀层表面的粗糙度 R_Z 不应超过 3 μm。基层材料和硬镀层都可以通过磨光达到指定的表面粗糙度。

(3)临时(动态)连接装置用的黏性流体必须无毒,非易燃而且是化学惰性的。如果使用了一个不同于有机硅为基础的流体,则流体制造商应当论证确定以上提到的特性。除非结构工程师指定,否则不能使用以碳氢化合物为基础的流体。

3. 临时(动态)连接装置的设计要求

(1)临时性连接装置应当在正常使用载荷作用下不屈服,在极端载荷作用下不破坏。

(2)临时性连接装置应当允许压力液体的热胀冷缩,以防止内在压力和真空压力的过度积累。

(3)临时性连接装置的设计和制造应便于维护和保养,以使其达到预期工作状态下的的预期寿命。

(4)临时性连接装置的组件(例如活塞杆)的设计,应当考虑活塞完全顶紧状态下,并考虑球形铰链按 0.10 摩擦系数的设计载荷下,连接螺扣扣紧的稳定性。

(5)临时性连接装置的可靠性系数 γ_x 应该为 1.5,除非包含一个过载保护系统。过载保护系统阻止压力的过度积累,这种系统在设计力的 110% 时发挥作用。当临时性连接装置装备有一个过载保护系统时,临时性连接装置的可靠性系数 γ_x 应当为 1.1,并被应用为过载保护系统作用的触发力。

(6)装置应当设计为可以承受与移动方向垂直、大小与地震分析中预测的其所在位置处最大加速度值相等的抗力。在缺少加速度数值时,装置应当设计成可以承受与移动方向垂直的载荷,其大小为两倍的装置自重与最大轴向载荷之和。

4. 临时(动态)连接装置的型式试验

临时(动态)连接装置的型式试验包括:压力试验、低速试验、密封磨损试验、冲击试验、过载试验、循环荷载试验六项。所有试验的目的在于确定临时(动态)连接装置的锁定速度、锁定位移、慢速运动的阻力、装置的最大输出力和耐磨耗性能。

(1)临时(动态)连接装置的压力试验

对每一个临时性连接装置施加一个大小为125%的最大的临时性连接装置载荷的内压力。这个压力应当保持120 s,随后观察,不应该发生明显的泄露、物性恶化和性能降低。

(2)临时(动态)连接装置的低速试验

低速试验的目的是估计在模拟温度变位时,临时性连接装置的轴向阻力。以一个小于0.1 mm/s的恒定的速度,施加轴向位移从0到d_{th},然后到$-d_{th}$,然后到0,为一个完整的加载周期。临时性连接装置产生的反作用力不应该超过设计力的10%,或者低于结构工程师的建议值。

低速试验也可以采用下述方法:施加一个大小为设计额定力10%的恒定力,循环为从0至少到d_{th},然后到至少$-d_{th}$,然后回到0,完成一个完整的加载周期。记录的平均恒定速度$2(|d_+|+|d_-|)/T$(T为循环持续时间),应当高于0.01 mm/s。d_{th}由结构工程师确定,但不应当小于10 mm。

加载程序(时间变化的轴向位移)和力-位移曲线应当连续的记录和画出。

(3)临时(动态)连接装置的密封磨损试验

密封磨损试验的目的是确认在假定设计寿命中,密封能够承受由于热作用引起的移动,而不产生液体泄漏。临时性连接装置将在预期的最大温度位移下进行10 000次测试循环。

即使在低速运动情况下,大多数临时性连接装置也具有较高的反作用能量。因此,主嘴系统应增加旁路,以降低临时性连接装置的反作用和压力积累,因此试验应当在短时间内进行。当临时性连接装置的正常工作内压力小于2 MPa时,液体可能会全部或部分流失。在试验之前或者在试验最后应重新向临时性连接装置补满黏性流体。在测试之后,应确认密封系统的合适的功能。

(4)临时(动态)连接装置的冲击载荷试验

冲击载荷试验的目的是确认当受到一个符合设计载荷的冲击作用时,临时性连接装置的位移和激活(锁定)速度。加载历程如下:在小于0.5 s内施加设计载荷,并在之后维持5 s恒定,在1 s之内反转它,最后再维持5 s。

在设计力 F_d 作用下,第一个0.5 s之后的位移,应当不超过设计值。当反向力从 $+F_d$ 变化为 $-F_d$,总的位移应不超过设计值的两倍,则可认为装置性能合格。

在载荷持续过程中测得的速度,不应超过激活(锁定)速度。

(5)临时(动态)连接装置的过载试验

过载试验的目的是确认临时性连接装置的过载能力或者过载解除装置的激发。

加载历程应当按如下方法施加:在0.5 s内,施加一个大小为设计载荷1.5倍的载荷,维持5 s,然后在1 s内反转它,最后再维持5 s。如果装置配备了一个激发力小于1.5倍设计载荷的过载解除装置,这个试验应当确认解除系统被激发。

要求装置不应出现任何对系统的破坏或者液体的泄露。

(6)临时(动态)连接装置的循环载荷试验

循环载荷试验的目的是评价当受到一个持续时间为预期地震时间周期性的设计载荷时,临时性连接装置的工作状况。

加载历程应当按如下方式施加:施加一些形式为 $F(t)=F_0\cdot\sin(2\pi f_0 t)$ 的正弦力。其中,力 F_0、频率 f_0 和持续时间由结构工程师选择。试验持续时间应当与预期地震的剧烈相位相等,但任何情况下都不应少于15 s。

要求临时性连接装置的偏转角不应大于设计值。装置不应出现任何对系统的破坏或者液体的泄露。

5. 临时(动态)连接装置的工厂生产控制试验

为了达到质量控制的目的,每个生产批次的一件应当完成如下测试:压力测试;低速测试;冲击载荷测试。每个生产批次定义为不超过20个有相同的设计细节但不同行程的单元。生产批次中的试验的产品应当为最大行程者。

压力试验应对100%的产品进行。

所用的试验应当在环境温度23 ℃ ±3 ℃中进行。表4-1概括了型式试验和工厂生产控制试验的要求。

表4-1 速度锁定器的型式试验和工厂生产控制试验

	压力试验	低速试验	密封磨损试验	冲击载荷试验	过载试验	循环载荷试验
型式实验	× *	×	× *	×	× *	×
工厂生产控制试验	× *	× *		× *		

注:(*)表示试验在环境温度下进行。

临时(动态)连接装置(速度锁定器)的锁定位移是一个重要的性能指标,一般可根据其使用功能而定。桥梁上作为减震、隔震装置用时,其锁定位移通常可以为10 mm。当速度速度器作为分配桥上列车的制动力使用时,其锁定位移宜控制在4 mm以内,以免过度增加桥上无缝线路的钢轨附加应力。

美国AASHTO LRFD草案32对速度锁定器的性能检验采用型式检验、出厂检验和验收试验三种,见表4-2~表4-4。

表4-2 速度锁定器的型式检验(试件3件)

序号	项 目	方 法	注
1	温度试验	为了满足在不同的环境温度下的使用要求,速度锁定器应在以下环境温度下保持48 h后进行性能检验 1)在最低温度0 ℃下; 2)在平均温度23 ℃下; 3)在最高温度45 ℃下	

续上表

序号	项　目	方　法	注
2	密封件磨耗试验	1. 每个在缸体内未装入阻尼液的速度锁定器，活塞应经受以下推拉试验： 1）100 mm（±50 mm）位移，低温 0 ℃，频率 0.1 Hz，加载 10 000 次； 2）100 mm（±50 mm）位移，常温 23 ℃，频率 0.1 Hz，加载 10 000 次； 3）100 mm（±50 mm）位移，高温 45 ℃，频率 0.1 Hz，加载 10 000 次。 2. 在循环试验后重新装入阻尼液，在环境温度（23 ℃）保持 2 min，以最大荷载 P_R 加载，使活塞达到位移极限	
3	循环荷载试验	以循环加载方式（正弦波 $-P_R \sim P_R$）对速度锁定器施加额定荷载 P_R P_R 在 0.25 Hz，0 ℃，10 次；P_R 在 0.5 Hz，0 ℃，10 次； P_R 在 1.0 Hz，0 ℃，10 次；P_R 在 2.0 Hz，0 ℃，10 次。 P_R 在 0.25 Hz，23 ℃，10 次；P_R 在 0.5 Hz，23 ℃，10 次； P_R 在 1.0 Hz，23 ℃，10 次；P_R 在 2.0 Hz，23 ℃，10 次。 P_R 在 0.25 Hz，45 ℃，10 次；P_R 在 0.5 Hz，45 ℃，10 次； P_R 在 1.0 Hz，45 ℃，10 次；P_R 在 2.0 Hz，45 ℃，10 次	
4	阻力试验	对速度锁定器施加 2% P_R，5% P_R 和 10% P_R 荷载，先加拉力后加压力，加载时间 10 min 或位移达到 15 mm，测定阻力。 2% P_R 额定荷载，0 ℃；5% P_R 额定荷载，0 ℃；10% P_R 额定荷载，0 ℃； 2% P_R 额定荷载，23 ℃；5% P_R 额定荷载，23 ℃；10% P_R 额定荷载，23 ℃； 2% P_R 额定荷载，45 ℃；5% P_R 额定荷载，45 ℃；10% P_R 额定荷载，45 ℃	
5	过载试验	对速度锁定器施加 1.5P_R 的荷载，保持 30 s	
6	疲劳试验	对速度锁定器施加正弦波 $-P_R \sim +P_R$ 的荷载，频率 1 Hz，100 000 次	

表 4-3　速度锁定器的出厂检验(试件 1 件)

序号	项　目	方　　法	验收条件
1	液压试验	速度锁定器应在 150% 的最大内部压力下,保持 3 min,以检验结构在高压范围内的可靠性。速度锁定器在试验过程中,应是耐压的且密封良好的。应记录初始和最终的压力值	在压力作用下,没有泄露。 在试验过程中,液压的降低值不大于 5%
2	慢速位移	速度锁定器应在慢速加载下经受 3 个完整的连续的位移试验,最大行程由工程师确定。应连续记录荷载位移曲线	试验过程中没有泄露的迹象。 试验过程中没有结构锁死的迹象。 装置循环所需要的力,不超过额定力的 10% 。 速度锁定器在慢速试验中,不应锁死
3	快速位移	速度锁定器应在工程师确定的快速加载速率下,经受满负荷的作用力。速度锁定器要承受拉力和压力,但不经受疲劳。应连续记录荷载位移曲线	速度锁定器的锁定位移在 12 mm 以内,或在工程师规定范围内。 锁定位移的偏差应在预期要达到的刚度偏差范围内。 在最大荷载下,锁定点的偏差不超过 12 mm 或工程师的规定。 由锁定点的力和最大试验荷载范围内得到的速度锁定器的刚度偏差,不大于 10% 。 装置没有泄露和结构锁死的现象
4	过载试验	对速度锁定器施加 $1.5P_R$ 的荷载,以足够使装置锁定的速度加载,并保持 30 s	装置没有泄露和结构锁死的现象

续上表

序号	项　目	方　法	验收条件
5	模拟动力试验和疲劳试验	1. 模拟动力试验。对装置加载到 $-P_R$ 荷载,并保持 30 s,卸荷到 -100 kN,直置活塞恢复的初始位置。 2. 疲劳试验。对速度锁定器施加一个额定荷载 P_{TB},循环荷载为正弦波,频率为 1 Hz。荷载先由 $0 \sim -P_{TB}$,100 000 次,然后由 $0 \sim +P_{TB}$,100 000 次	从 0 荷载点到最大荷载点的位移,无论是初始加载阶段,或是力恢复阶段,都不超过 12 mm 或工程师的规定。 在试验过程中保持荷载期间,位移不得超过 12 mm 或工程师的规定

表 4-4　速度锁定器的验收试验(每件)

序号	项　目	方　法	验收条件
1	液压试验	速度锁定器应在 150% 的最大内部压力下,保持 3 min,以检验结构在高压范围内的可靠性。速度锁定器在试验过程中,应是耐压的且密封良好的。应记录初始和最终的压力值	在压力作用下,没有泄露。 在试验过程中,液压的降低值不大于 5%
2	慢速位移	速度锁定器应在慢速加载下经受 3 个完整的连续的位移试验,最大行程由工程师确定。应连续记录荷载 - 位移曲线	试验过程中没有泄露的迹象。 试验过程中没有结构锁死的迹象。 装置循环所需要的力,不超过额定力的 10%。 速度锁定器在慢速试验中,不应锁死

续上表

序号	项　目	方　　法	验收条件
3	快速位移	速度锁定器应在工程师确定的快速加载速率下，经受满负荷的作用力。速度锁定器要承受拉力和压力，但不经受疲劳。应连续记录荷载－位移曲线	速度锁定器的锁定位移在12 mm以内，或在工程师规定范围内。 锁定位移的偏差应在预期要达到的刚度偏差范围内。 在最大荷载下，锁定点的偏差不超过 12 mm 或工程师的规定范围内。 由锁定点的力和最大试验荷载范围内得到的速度锁定器的刚度偏差，不大于10% 。 装置没有泄露和结构锁死的现象

第五章　速度相关型减震、隔震装置

速度相关型减震、隔震装置即流体黏滞阻尼器和流体弹簧阻尼器，通常称为黏滞阻尼器。黏滞阻尼器和普通桥梁支座结合使用，具有黏滞阻尼器和普通桥梁支座的共同特点。黏滞阻尼器在地震力快速作用下，能把桥梁上部传给桥墩的力合理分配到多个桥墩上，从而改变仅有一个固定墩的受力状况，在温度、收缩与徐变等慢速作用下，则基本不传递水平力。

黏滞阻尼器与临时（动态）连接装置的结构相同，是在一个专用的油缸内，注入以有机硅为基础的黏性液体传力介质，通过油缸壁与活塞之间的间隙（或在活塞上设置导流孔），组成的一种连接装置。当结构受到外荷载（如风、地震等）冲击时，活塞杆在液压缸内作往复运动，阻尼介质在液压缸 2 个分隔腔体内迅速流动，阻尼介质的分子间、介质与活塞杆、介质与液压缸体间产生剧烈的摩擦，介质在通过活塞孔时产生巨大的节流阻尼，这些作用产生的合力成为阻尼力。把传递给活塞杆的机械能转化为热能（散发），从而吸收能量，减少位移量。

影响阻尼力的因素有：活塞有效面积、阻尼孔面积、阻尼孔长度、活塞运动速度、温度、阻尼材料黏度、激振频率和位移变化副值等。

黏滞阻尼器的力学计算模型如下：

$$F = Cv^{\alpha}$$

式中　C——阻尼系数；

v——相对运动速度（mm/s）；

α——阻尼指数，该指数可根据需要通过阻尼介质进行调整，通常可取 0.1 ~ 2。

α 为阻尼指数，是表示液压阻尼器特性的参数。通常 $\alpha =$

0.10~0.15，国内产品 α 可以达到 0.3，国外有的产品可以达到 0.015。α 值越小，输出的阻尼力越小，对锚固系统和相邻结构的作用力就越小。假定最大设计速度 $V_{max}=300$ mm/s，阻尼系数 $C=12\ 600$ 时，不同阻尼指数 α 下的阻尼力 F 见表 5－1。由表 5－1 可见，随阻尼指数 α 的增大，阻尼力 F 显著增大。

表 5－1　阻尼力 F 与阻尼指数 α 的关系

$\alpha=0.015$	$F_{max}=12\ 600\times300^{0.015}=13.725$ kN
$\alpha=0.10$	$F_{max}=12\ 600\times300^{0.1}=22.289$ kN
$\alpha=0.15$	$F_{max}=12\ 600\times300^{0.15}=29.644$ kN
$\alpha=0.3$	$F_{max}=12\ 600\times300^{0.3}=69.741$ kN

由于黏滞阻尼器的使用会明显改变结构的自振周期，因此黏滞阻尼器所承受的设计水平力不能简单地按静力均分模型计算支座水平力。单个黏滞阻尼器的设计水平力，可按下列经验简化公式计算：

$$F=\frac{1.5G\alpha/g-F_f}{N_p\times n}$$

式中　G——上部结构总重；

α——多遇地震下水平地震力加速度；

F_f——总摩擦力；

N_p——承受水平力的桥墩数；

n——每个桥墩上黏滞阻尼器的数量。

对大跨度桥梁和相邻墩高差大的桥梁，以及其他特殊形式的桥梁，必须建立全桥模型，采用时程分析方法进行验证，调整黏滞阻尼器的锁定力在内的各种参数，以使黏滞阻尼器达到最佳减震效果。

图 5－1 为黏滞阻尼器的构造示意图。黏滞阻尼器的阻尼指数可以取 α=0.1~2。图 5－2 为 α=0.1~2 时的速度与输出力的关系图，图 5－3 为 α=0.1~2 时的滞回曲线。当 α=2 时，该黏滞阻尼器就是一个速度锁定器。

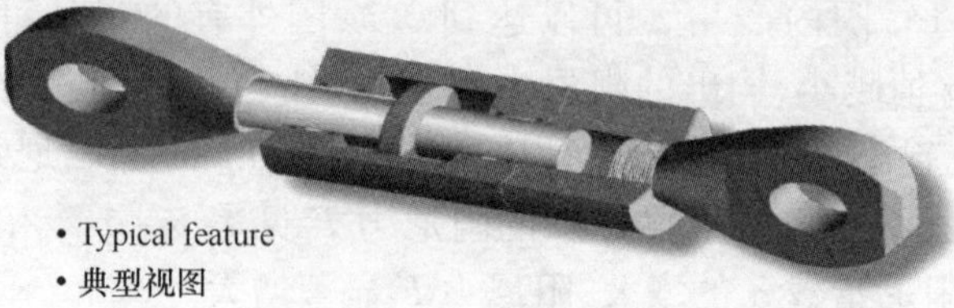

图 5 - 1　黏滞阻尼器的构造示意图

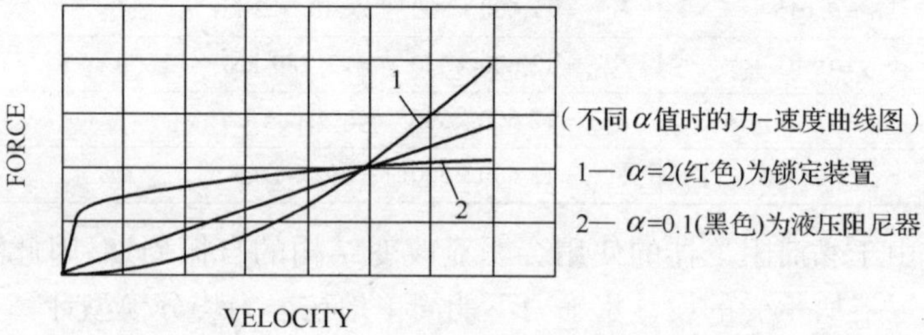

图 5 - 2　$\alpha = 0.1 \sim 2$ 时的速度与输出力的关系图

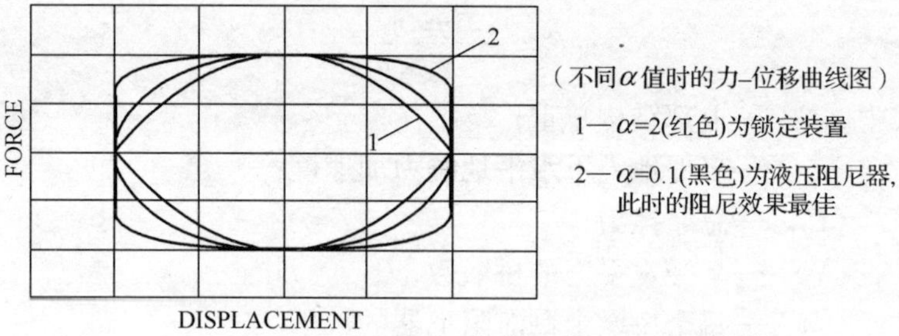

图 5 - 3　阻尼指数 $\alpha = 0.1 \sim 2$ 时的滞回曲线

从图 5 - 2 和图 5 - 3 可见，阻尼指数 α 是黏滞阻尼器的关键性能指标，当阻尼指数 $\alpha = 0.1$ 时，阻尼力最小，滞回曲线最饱满，阻尼效果最佳。国外有些厂家可以做到阻尼指数 $\alpha = 0.015$（德国 Maurer 公司）。

阻尼介质的特性对黏滞阻尼器的性能是至关重要的。初期阻尼器的阻尼介质采用运动黏度为 $50 \sim 500\ mm^2/s$ 的液压油，称之为液压阻尼器。由于液压油的黏度偏低，易发生密封件泄露，目前，常常采用高运动黏度硅油作为阻尼介质，运动黏度甚至可达到 10.000.000 ~ 20.000.000 mm^2/s，以改善阻尼器的防泄露性能。

一、黏滞阻尼器的功能性要求

黏滞阻尼器的功能性要求与速度锁定器基本相同，至少在 20 年内性能保持不变。

二、黏滞阻尼器的材料性能

黏滞阻尼器材料应根据其与预期使用温度范围的适应性来选择，应考虑到环境温度以及由装置运转产生的任何改变。所用材料的材质性能及表面处理要求与速度锁定器相同。

三、黏滞阻尼器的设计要求

(1)黏滞阻尼器应设计成在工作负载下性能稳定，极限负载下不失效。

(2)黏滞阻尼器一般应设计成能承受由设计输入数据最不利组合所产生的最大内部压力。

(3)黏滞阻尼器应设计成能承受侧向加速度。

(4)装置应设计成能承受一个通过地震分析垂直于运动方向，且等于指向其位置的最大加速度的加速度。在加速度数据缺失的情况下，装置应设计成能承受一个垂直于运动方向的载荷，且此载荷至少等于自身重量和最大轴向载荷的 2 倍。

(5)黏滞阻尼器应考虑黏性流体热膨胀的影响，应防止内部压力过度增大。

(6)黏滞阻尼器应设计和建造成在预期使用条件下，预期寿命内维护方便。

(7)黏滞阻尼器在型式试验中获得的性能参数值，与设计值或正常值之间的最大差异应满足表 5 - 2 的要求。

黏滞阻尼器性能变化应在评估设计值上、下限值时考虑，总体差异是单一差异的线性组合，这里的组合系数是考虑这些差异同时出现的可能性。如果不能做更精确的估计,对所有元件的差异可认定组合系数为0.7。任何性能参数上界特征值与下界特征值的比不超过1.4

表5-2　速度相关型装置性能参数的容许偏差值 t_d

	(1)供货时容许偏差		(2)不同温度下容许偏差(*)	
	FVD(流体黏滞阻尼器)	FSD(流体弹簧阻尼器)	FVD	FSD
F	±15%	±15%	±5%	±15%
K_{eff}	N/A	±15%	N/A	±15%
EDC	-15%	-15%	-5%	-5%

注:(*)温度范围-25 ℃~+50 ℃;

N/A为不控制;

*EDC*为每个循环的能量耗散。

黏滞阻尼器的设计力应通过如下的可靠性系数进行放大:

$$\gamma_v = (1 + t_d) \cdot (1.5)^{\alpha}$$

式中　t_d——制造商给定的设计反作用误差;

α——由制造商保证的本构规律的指数。

(8)黏滞阻尼器的活塞杆的设计中,应在考虑乘以荷载系数的设计载荷,以及10%的球铰摩擦系数共同作用下,不发生屈曲。

四、黏滞阻尼器的型式试验

黏滞阻尼器试验过程中,将对阻尼器输入很大的能量,因此,应确保在试验过程中阻尼器不过度地发热。为此,需要监测和报告阻尼器关键位置(制造商指定)的温度。最好将试验计划划分成几组试验。当完成一次试验后,在进行后面试验前,使阻尼器可冷却至规定的温度。

试验可以分组进行,每组输入阻尼器的总的能量,不超过阻尼器在设计级别地震下所能量耗散的2倍。当阻尼器的温度超出了制造商规定的温度时,试验不能继续进行。

黏滞阻尼器的型式试验的内容和方法与速度锁定器基本相

同。包括压力试验、低速试验、密封磨损试验等。此外，还需要进行黏滞阻尼器的本构关系试验、风荷载循环试验和行程验证试验。

1. 流体黏滞阻尼器的本构规律试验

本试验的目的在于确定阻尼器的特征力－速度曲线，即本构关系 $F=C\times v^{\alpha}$ 定义的 C 和 α。

加载历程应由下面几部分组成：对每个速度，施加 3 个轴向位移的完全反复循环试验，从 0 到 $+d_{bd}$，再到 $-d_{bd}$，最后回到 0，这里 d_{bd} 为地震设计位移。

试验速度应至少包括最大额定速度的下列增值：1%，25%，50%，75%，100%。

要求装置的反作用力特征曲线中的所有实验点，都应在容许误差范围内。

阻尼器在速度 v_n 处的反作用力 F_n，定义为第二滞回循环力轴的正负荷载截距的平均值。

试验应在最高与最低设计温度之间重复进行，以估计外界温度对组件所产生的反作用力的影响。

2. 流体弹簧阻尼器的本构规律试验

本试验的目的在于确定流体弹簧阻尼器的本构规律。即本构关系 $F=C\times v^{\alpha}+K\times d$ 中定义的参数 F_0（预加载），K（刚度），C 以及 α（阻尼）。

加载历程应由下面几部分组成：对每个速度，施加 3 个轴向位移完全反复循环试验，从 0 到 $+d_{bd}$，再到 $-d_{bd}$，最后回到 0，这里 d_{bd} 为地震设计位移。

应用的速度应至少包括最大额定速度的下列增值：1%，25%，50%，75%，100%。

要求装置的反作用力特征曲线中的所有实验点都应在容许误差范围内。

阻尼器在速度 V_n 处的反作用力 F_n，定义为第二滞回循环在 50% $+d_{bd}$ 和 50% $-d_{bd}$ 处与力轴平行的轴的截距平均值。

$$F_n = \frac{F_n^{(+)} + |F_n^{(-)}|}{2}$$

试验应在最高与最低设计温度之间重复进行，以估计内部温度对组件反应的影响。

3. 黏滞阻尼器的阻尼系数试验

阻尼系数试验的目的在于评估装置的耗能能力以及反应稳定性。

加载历程如下：加载 5 个型为 $d(t) = d_0 \cdot \sin(2\pi f_0 t)$ 的简谐完整位移循环，行程 d_0 和频率 f_0(Hz)应由结构工程师规定，应注意不超过两个设计级别地震对应的能量耗散。

如果 5 个循环超出了试验设备的能力，试验可分组进行，但要保持最少 3 个连续循环。各循环组之间不必进行冷却。

要求每个循环中阻尼器的反应必须在设计公差以内，且能量耗散应大于最小设计值。

4. 黏滞阻尼器的风载荷循环试验

当结构工程师认为风载荷是关键时，阻尼器样品应进行试验，以检验其抵抗由风引起的振动的能力。

阻尼器样品应在结构工程师规定的频率和位移下进行 200 次循环试验(例如 0.4 Hz，+/-12 mm)。应连续测量温度值。要求在试验期间，组件不能黏结、卡住或者破坏，且在试验过后不能有泄漏的痕迹。

5. 黏滞阻尼器的行程验证试验

本试验的目的在于确保阻尼器能适应设计的行程。一个完整的循环应适用于阻尼器。阻尼器可不必充满流体。要求阻尼器应能适应设计行程，公差在 1 mm 内。

五、黏滞阻尼器的工厂生产控制

为了控制质量，每个产品批量中应有一个装置进行下列试验：

(1)低速试验；

(2)本构关系试验；

(3)减震效率试验。

产品批量为每批不超过 20 个,且产品除行程不同外具有相同的本构关系。本构关系试验应在环境温度下进行。

压力试验应对批次中的 100% 的装置进行。

表 5-3 为黏滞阻尼器样件和产品的试验要求。进行试验的产品必须是每批产品中行程最大者。

表 5-3　黏滞阻尼器的型式试验和工厂生产控制试验要求

	压力试验	低速试验	本构率试验	减震效率试验	风载荷试验	密封磨损试验	行程验证试验
型式试验	×*	×	×	×	×*	×*	×*
工厂生产控制	×*	×*	×*	×*			

注:(*)表示应该在环境温度中进行试验。

第六章 弹塑性钢阻尼装置

第一节 概 述

弹塑性钢阻尼装置又称为钢滞变阻尼器或软钢阻尼器。20世纪70年代，新西兰学者Kelly、R. I. Skinner、W. H. Robinson和G. H. Mcverry研究开发了软钢阻尼装置[11]。软钢阻尼装置主要是利用金属材料进入塑性状态后具有良好的滞回特性，并在塑性滞回变形过程中吸收大量能量的原理制造的一种减震装置，具有形状设计自由、加工容易、维修成本低等优点，同时软钢阻尼装置具有阻尼特性稳定、阻尼比受温度的影响小、阻尼比高等特性。因此，诸多学者开发出各种形式的软钢阻尼器，从软钢阻尼器耗能时主要受力状态可将其划分为：扭转型、剪切型和弯曲型等。

金属的应力－应变曲线表明，金属在屈服后进入塑性变形状态，应该考虑在不同应变范围内，作为塑性循环的金属的应力－应变关系。在塑性循环期间，应力将随应变范围扩大而增大，但屈服水平下降。在给定的应变范围内，在反复荷载作用下，荷载－位移曲线只有中等程度的变化，阻尼量也只有中等程度的减小，直至屈服量接近其低循环疲劳寿命的终期。因此，阻尼器设计时应能限制地震时的循环应变范围，并确保其有能力抵御若干次地震和至少一次极限地震。一个设计良好的阻尼器，要求在地震时的最大额定应变范围为±3%，极限地震时的额定应变范围为±5%。

弹塑性钢阻尼元件应采用一种具有屈服后滞回变形能力强且稳定的钢材。新西兰采用BS4360/43A的钢材，国内一般采用塑性较好、屈服点较低的钢材，常采用Q235或Q345类钢。

一般情况下，弹塑性钢阻尼器的设计屈服力可根据下列经验公式计算：

$$F_y = 1.5G \cdot \alpha / g$$

式中 G——上部结构总重；

α——多遇地震下水平地震加速度；

g——重力加速度。

目前，常用的弯曲型弹塑性钢阻尼器有 E 型钢阻尼器、弧型钢阻尼器和短刚臂钢阻尼器等。

新西兰学者对采用 BS4360/43A 钢材的弹塑性钢制阻尼器进行了大量的试验研究，得出了几种常用的钢制阻尼器的近似力－位移曲线的经验表达式。表达式分别以力标定系数 f 和位移标定系数 l 来表示，系数 f 和 l 是根据简化的有效屈服梁模型得出的。

对于采用 BS4360/43A 钢材的弹塑性钢制阻尼器的标定系数 f 和位移标定系数 l 见表 6－1。

表 6－1　弹塑性钢制阻尼器力标定系数 f 和位移标定系数 l

阻尼器类型	力标定系数 f	位移标定系数 l
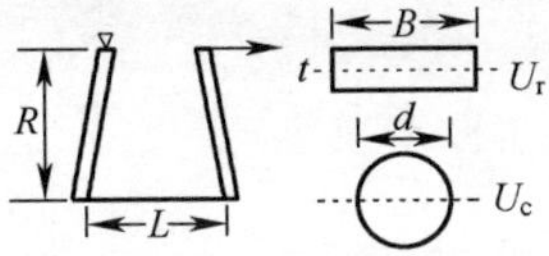 U_r	$\frac{Bt^2}{4R}$	$\frac{2LR}{t}$
U_c	$\frac{d^3}{6R}$	$\frac{2LR}{d}$
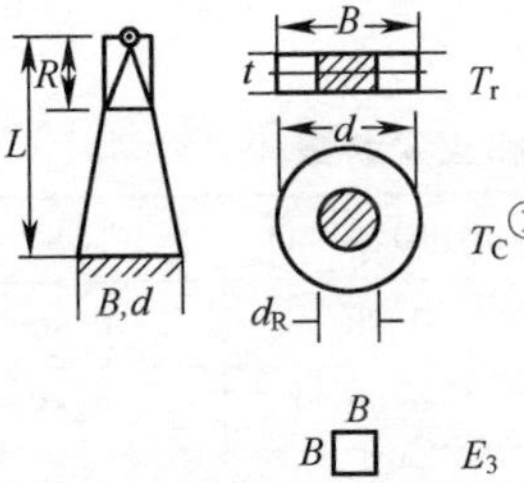 T_r	$\frac{Bt^2}{4L}$	$\frac{L^2 - R^2}{t}$
T_C①	$\frac{(d+d_R)^3}{24(L+R)}$	$\frac{8}{3}\frac{(L^2-R^2)(d^2+dd_R+d_R^2)}{(d+d_R)^3}$
E_3	$\frac{2B^3}{3R}$	$1.48\frac{LR}{B}$
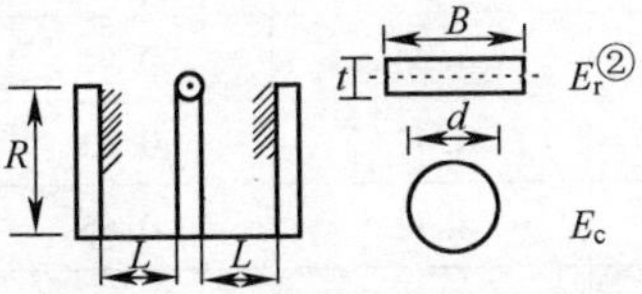 E_r②	$\frac{t^2(3B-t)}{3R}$	$1.1\frac{(B^2+t^2)LR}{(B+0.6t)Bt}$
E_c	$\frac{\pi d^3}{6R}$	$\frac{2LR}{d}$

注：① $d_R = d(R/L)^{1/3}$，$R \geqslant L/3$；

② $B \geqslant 2t$。

力和位移的比例系数为：

$$X \approx L\xi$$

$$F = f\sigma(1 + \alpha X^2)$$

式中　α——大位移形状变化的校正系数。

对 E 型截面 $\alpha_E = \dfrac{1}{(2R^2)}$；

对 U 型截面 $\alpha_U = -\dfrac{1}{(8R^2)}$；

对短刚臂截面 $\alpha_T = \dfrac{2}{(L+R)^2}$。

钢制阻尼器的双线性应力－应变曲线参数标定由下式确定：

$$K_{b1} \approx \left(\frac{f}{l}\right)E_1^0$$

$$K_{b2} \approx \left(\frac{f}{l}\right)E_2^0 + \alpha Q_y X_m\left(1 + \frac{\xi_y}{\xi_m}\right)$$

$$Q_y \approx f\sigma_y^0$$

式中　$X_m = l\xi_m$；

ξ_m——最大循环应变幅值；

α——大挠度校正系数。

近似的模量、应力和应变参数见表 6－2。

表 6－2　近似的模量、应力和应变参数

ξ_m(%)	E_1^0(10^2 MPa)	E_2^0(10^2 MPa)	σ_y^0(10^2 MPa)	ξ_y^0(%)
1	700	122	2.70	0.36
2	700	25.6	3.70	0.55
3	700	12.2	4.06	0.59
4	700	7.58	4.24	0.61
5	700	5.34	4.42	0.63
6	700	4.79	4.52	0.65
7	700	4.65	4.58	0.66

弹塑性钢阻尼装置通常应与盆式支座和球形钢支座配合使

用，由支座承受垂直荷载，由弹塑性钢阻尼装置提供阻尼，组成一种减震、隔震支座。

第二节　E 型钢阻尼器

E 型钢阻尼器通常被安装在具有相对运动关系的两个物体之间，其中间孔用销子固定在物体上，外侧的两个孔用销子安装在另一个物体上。图 6－1 为 E 型钢阻尼器与支座组合的 E 型钢单向阻尼支座，图 6－2 为 E 型钢阻尼器与支座组合的 E 型钢多向阻尼支座，图 6－3 为 E 型钢双向阻尼支座实物照片，其原型及力学模型如图 6－4 所示[12]。

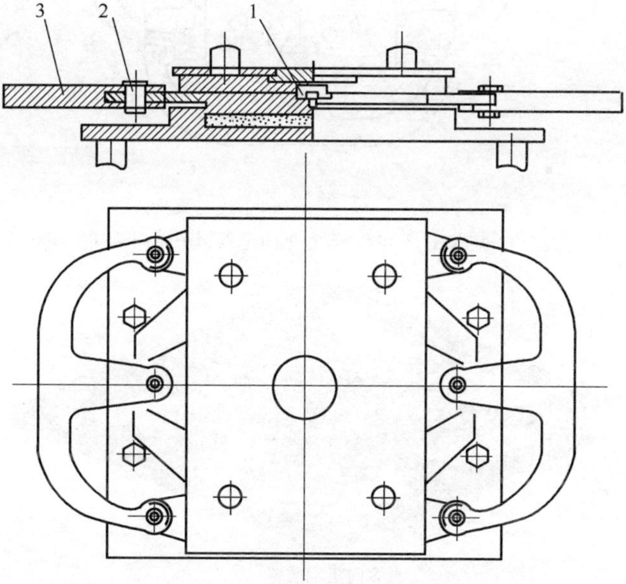

图 6－1　E 型钢单向阻尼支座

1—支座；2—定位销；3—E 型钢阻尼器

E 型钢的原型可简化为两边铰接、中间简支的梁模型（图 6－4(b)），中间支座上作用力为 F。采用结构力学中的力法求解，可

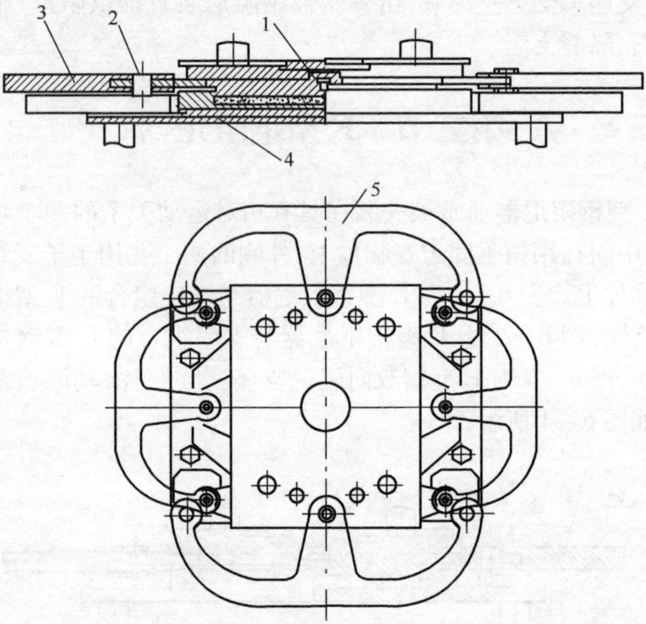

图 6－2　E 型钢多向阻尼支座

1—支座；2—定位销；3 和 5—E 型钢阻尼器；4—单向活动支座导轨

多向阻尼装置

图 6－3　E 型钢双向阻尼支座实物照片

得出图 6－4(c)的弯矩图。设计时一般要求 $h>10b$，轴力对 E 型钢的影响小于 5%，因此可以不考虑轴力的影响，只考虑弯矩

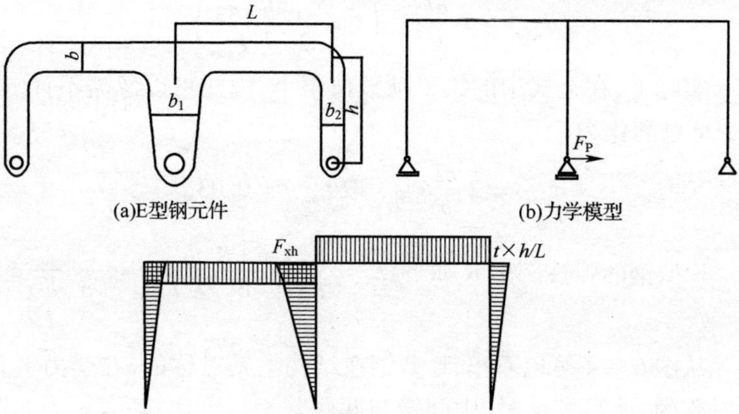

(a)E型钢元件　(b)力学模型

(c)弯矩图

图 6－4　E 型钢阻尼器原型及力学模型

作用。

横截面的屈服弯矩 M_y 和塑性弯矩 M_p 可分别由下式求得：

$$M_y=\sigma_y\frac{sb^2}{6}$$

$$M_p=\sigma_y\frac{sb^2}{4}$$

显然，作用在中间臂的最大承载力可以由弯矩除以力臂得到，相应的屈服力和塑性力由以下公式求得：

$$F_y=\frac{1}{3}\sigma_y\frac{sb^2}{h}$$

$$F_p=\frac{1}{2}\sigma_y\frac{sb^2}{h}$$

屈服时的位移 d_y 为：

$$d_y=2\frac{hl}{b}\xi_y\left(1+\frac{\alpha}{3}\frac{h}{l}\right)$$

式中　$\alpha=2\left(\frac{b}{b_1}\right)^3+\left(\frac{b}{b_2}\right)^3$；

ξ_y——屈服应变。

当 E 型钢表面的应变 $\xi=\xi_{max}$ 时，相对位移为：

$$d_{max} = 2\frac{hl}{b}\xi_{max}\left(1 + \frac{\alpha}{2}\frac{h}{l}\frac{\xi_y}{\xi_{max}}\right)$$

实际上,在上式中的第二项数值很小,因此可以忽略不计,则 d_{max} 可以简化为:

$$d_{max} = 2\frac{hl}{b}\xi_{max}, \text{取 } \xi_{max} = 0.03\text{。}$$

E 型钢的弹性刚度 K 如下:$K = \dfrac{P_y}{d_y} = \dfrac{1}{6}E\dfrac{sb^3}{h^2 l}\dfrac{1}{\left(1 + \dfrac{\alpha}{3}\dfrac{h}{l}\right)}$。

从图 6－4 可以看出,E 型钢在结构上是对称的,在受力上是反对称的。地震发生时,中间臂与两侧臂相对运动,其弯矩图如图 6－4(c)(忽略轴力影响)。若为小震时,E 型钢处于弹性范围,不吸收地震能量,其刚度相对于传统的桥梁支座而言较低,因而可延长桥梁的自振周期,可以起到良好的隔震效果。若为大震时,E 型钢的直段部分进入塑性,E 型钢在滞回中吸收地震能量,其大大提高了整个系统的阻尼比,起到良好的减震效果。

由于 E 型钢阻尼支座的水平刚度较低,在承受水平荷载时将产生弹性位移,对铁路桥梁的正常运行不利,因此应在 E 型钢阻尼支座上增加一个保险销,以提高 E 型钢阻尼支座的水平刚度。保险销的功能是在列车制动力或小地震时传递水平力,以保证列车的正常运行,此时 E 型钢阻尼元件不受力;当大地震发生时,保险销被剪断,E 型钢阻尼元件参于工作。为了保险销能在需要时及时剪断,在销轴上开 V 形切口,并将保险销的剪断力控制在 1.0 ~ 1.15F_y。也可以通过试验方法确定 V 形切口的底部直径。

第三节　弧型钢阻尼器

弧型钢阻尼元件的工作原理相当于两端铰接的曲梁,同样可以通过结构力学和弹塑性力学方法进行弧型钢阻尼元件的设计。图 6－5 为弧型钢阻尼器与支座组合的弧型钢阻尼支座[12]。弧型钢阻尼元件的力学模型见图6－6，截面中 s 为钢板厚度，h 为截面高度。

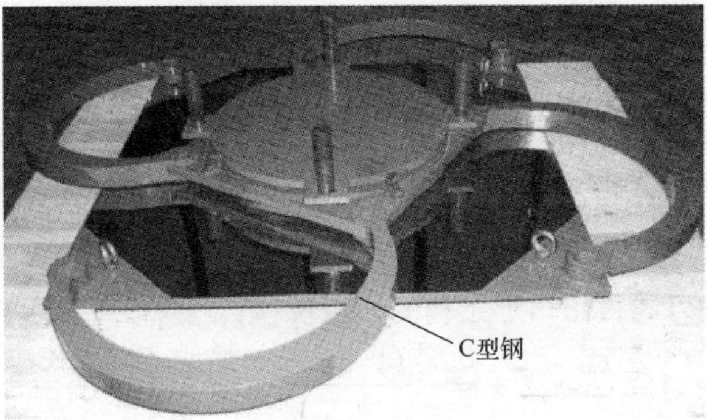

图6－5　弧型钢阻尼器与支座组合的弧型钢阻尼支座

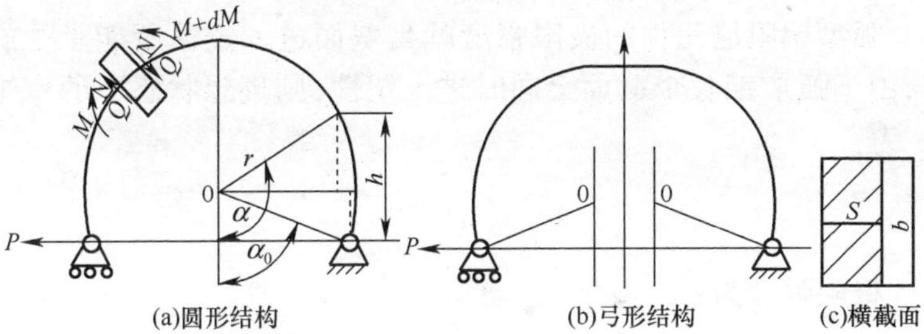

图6－6　弧型钢阻尼元件的力学模型

弧型钢阻尼元件在力 P 的作用下，曲梁上任意部位将受到剪力 Q、轴力 N、弯矩 M 的作用，当 $r>5b$ 时可以忽略轴力和弯矩的影响。分析得到中心对称位置的弯矩最大，为使整个弧形钢阻尼元件等应力分布，则该截面的 b 尺寸应该最大，取 $b=b_{\max}$。

圆形结构的弧型钢阻尼元件的屈服位移如图6－6所示，夹角 α 处弯矩 $M(\alpha)$ 为：

$$M(\alpha)=ph=p_{\mathrm{r}}(\cos\alpha_0-\cos\alpha)$$

由此可得：$M_{\max}=M(\pi)=P_{\mathrm{r}}(\cos\alpha_0+1)$

根据等应力分布条件可以得出：$b(\alpha) = b_{max}\sqrt{\dfrac{\cos\alpha_0 - \cos\alpha}{\cos\alpha_0 + 1}}$

根据弯曲的能量公式：$\dfrac{1}{2}P\delta_y = 2\int_{\alpha_0}^{\pi}\dfrac{M^2(\alpha)}{2EJ}r\mathrm{d}\alpha$

圆形结构的弧型钢阻尼元件的屈服位移为：

$$\delta_y = \frac{4\xi_y r^2\ (1 + \cos\alpha_0)^{0.5}}{b_{max}}\int_{\alpha_0}^{\pi}(\cos\alpha_0 - \cos\alpha)^{0.5}\mathrm{d}\alpha$$

式中　ξ_y——材料的屈服位移。

同理可以得出弓形结构的屈服位移：

$$\delta_y = \frac{l\xi_y}{b_{max}}r(1 + \cos\alpha_0) + \frac{4\xi_y r^2\ (1 + \cos\alpha_0)^{0.5}}{b_{max}}\int_{\alpha_0}^{\pi}(\cos\alpha_0 - \cos\alpha)^{0.5}\mathrm{d}\alpha$$

将相应的 ξ_{max} 代入上述求 δ_y 的公式，即可以求得圆形和弓形结构元件的最大阻尼位移值 $\delta_{y,max}$。

弧型钢阻尼元件的极限强度就是截面进入塑性所能承受的力，由于弧形钢各个截面会同时进入塑性，则理想状态下的弯矩 M_p 为：

$$M_p = \sigma_y\frac{sb_{max}^2}{4}$$

极限强度为：

$$p_p = \frac{M_p}{h} = \sigma_y\frac{sb_{max}^2}{4}\frac{1}{r(\cos\alpha_0 + 1)}$$

式中　σ_y——材料的屈服应力。

从以上分析可以得出弧型钢阻尼元件的双线性力学模型参数：

$$F = K_1 x \qquad x \leqslant \delta_y$$

$$F = P_p + K_2(x - \delta_y) \qquad x > \delta_y$$

式中　K_1——阻尼元件的弹性刚度；

K_2——阻尼元件的屈后刚度，由钢材应力强化特性决定，通常需要对弧型钢阻尼元件的测试求得。对于二级高强度钢，可建议取 $K_2 = 0.05K_1$。

第四节　短刚臂钢阻尼器

短刚臂钢阻尼元件是一种等弯矩悬臂梁的减震装置，短刚臂钢阻尼元件的主体结构如图 6－8 所示。顶端与梁体结构铰接，下端固接在墩顶为固定端。通常上部 1/3 为等截面，以承受剪力。通常短刚臂钢阻尼元件与活动支座组合使用，由活动支座承受竖向荷载，由短刚臂钢阻尼元件承受水平力。正常使用时，由短刚臂钢阻尼元件悬臂端的挠曲变形来满足梁部的位移需要，此时短刚臂钢阻尼元件处于弹性工作状态。地震时短刚臂钢阻尼元件将发生较大的挠曲变形，处于弹塑性工作阶段，消耗地震能量。图 6－7为短刚臂钢阻尼与盆式支座组合的应用实例。图 6－8 为短刚臂钢阻尼元件在孟加拉国实桥应用。

图 6－7　短刚臂钢阻尼与盆式支座组合应用

图 6－8　短刚臂钢阻尼元件在孟加拉国实桥应用

短刚臂钢阻尼元件可以根据结构力学和弹塑性力学的原理设计,其工作状态分为正常工作状态和地震时的工作状态。正常工作状态短刚臂钢阻尼元件处于弹性工作状态,弹性阶段的挠度计算如下。

短刚臂钢阻尼元件结构设计主要分为两个部分:*AB* 段和 *BC* 段,其中 *AB* 段为直线,*BC* 段为等强度抛物线,且 *AB*、*BC* 相切与 *B* 点。*AB* 的高度为没,*BC* 高度为 n,总长为 l。*A*、*B*、*C* 所在的平面圆的直径分别为 d_1,d_2,d_3。建立如图所示的坐标系。

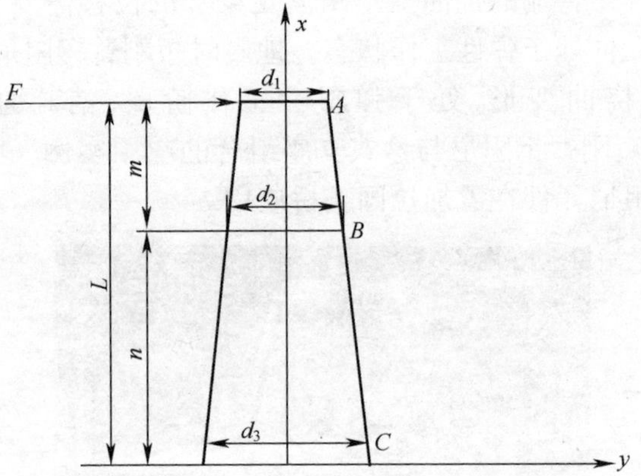

由于 *AB* 和 *BC* 不是相同的外缘结构,且卡榫为非等直径悬臂梁,因此需将 *AB*、*BC* 分别进行挠度计算,然后叠加。

AB 段(上部 1/3)按等截面梁计算挠度。

BC 段除了受到力 *F* 的作用外,还受到 *AB* 段传过来的弯矩 M_e 的作用。

(1)B 点在力 *F* 的作用下的转角和弯矩的计算公式为:

$$\theta_{B1}=\theta_{1\max}=\frac{96Fm^{\frac{4}{3}}}{E\pi d_2^4}\left[\frac{3l-2n}{l^{\frac{1}{3}}}-3(l-n)^{\frac{2}{3}}\right]$$

$$\omega_{B1}=\omega_{1\max}=\frac{96Fm^{\frac{4}{3}}}{5E\pi d_2^4 l^{\frac{1}{3}}}[18(l-n)^{\frac{5}{3}}l^{\frac{1}{3}}+30nl-10n^2-18l^2]$$

(2) B 点在 AB 段传过来的弯矩 M_e 的作用下转角和弯矩的计算公式为:

$$\theta_{B2}=\theta_{2\max}=\frac{192Fm^{\frac{7}{3}}}{E\pi d_2^4}\left[\frac{1}{(l-n)^{\frac{1}{3}}}-\frac{1}{l^{\frac{1}{3}}}\right]$$

$$\omega_{B2}=\omega_{2\max}=\frac{96Fm^{\frac{4}{3}}}{E\pi d_2^4 l^{\frac{1}{3}}}[3l-2n-3l^{\frac{1}{3}}(l-n)^{\frac{2}{3}}]$$

(3) A 点在 B 所在平面固定时, C 点在 BC 段带动作用下产生的位移为:

$$\omega_{c1}=m\theta_B+\omega_B$$

(4) C 点在 B 所在平面固定时的转角和弯矩的计算公式为:

$$\theta_{c2}=\theta_{cm_2}=\frac{4Fa^4[b^3+(b-2)m^2]}{E\pi(m-b)^2b^3}$$

$$\omega_{c2}=\omega_{cm_2}=\frac{4Fa^4}{3E\pi}\left[\frac{1}{b-m}-\frac{m^2+mb+b^2}{b^3}\right]$$

计算得出短刚臂钢阻尼元件的总挠度为:

$$\begin{aligned}\omega_{总}&=\omega_{C_1}+\omega_{C_2}=[m\theta_B+\omega_B]+\omega_{c_2}\\&=[m(\theta_{B_1}+\theta_{B_2})+(\omega_{B_1}+\omega_{B_1})]+\omega_{C_2}\end{aligned}$$

短刚臂钢阻尼元件在地震时的塑性计算如下:

设计计算的基本假定:

(1)平截面假定:假设梁截面变形后仍为平面,且与变形后的轴线垂直。

(2)平面应力假定:梁内仅有 σ,τ 两个应力分量,因此可以按平面应力来处理。

(3)单向应力状态下的应力-应变满足下列要求:

$$\begin{cases}E\varepsilon & |\varepsilon|\leqslant\varepsilon_s\\ \sigma_s\,\mathrm{sgn}\varepsilon & |\varepsilon|\geqslant\varepsilon_s\end{cases}$$

平衡方程为:

$$M = 4\int_0^h \sigma_s b(y) y \mathrm{d}y$$

$$Q = 4\int_0^h T_{xy} b(y) y \mathrm{d}y$$

式中　M、Q—— 横截面上弯矩和剪力。

弯矩的计算公式为：

$$M = 4\int_0^m \sigma_s \frac{y}{m} b(y) y \mathrm{d}y + 4\int_m^h \sigma_s b(y) y \mathrm{d}y = \sigma_s f(m)$$

其中：

$$f(m) = \frac{4}{m}\int_0^m \sigma_s b(y) y \mathrm{d}y + 4\int_m^h \sigma_s b(y) y \mathrm{d}y$$

当 $m = 0$ 时，整个截面均已进入塑性区域，此时出现塑性极限弯矩。用 M_T 表示，则

$$M_T = 4\int_0^h \sigma_s b(y) y \mathrm{d}y = \sigma_s S$$

式中　S—— 整个截面对中性轴的静矩。

$$M = 4\int_0^m \sigma_s \frac{y}{m} b(y) y \mathrm{d}y + 4\int_m^h \sigma_s b(y) y \mathrm{d}y$$

$$= \frac{\sigma_s}{2}\left[\frac{\pi r^4 - 2r^4\left(\arccos \dfrac{m}{r}\right)}{2m} + (2m^2 - r^2)\sqrt{r^2 - m^2}\right] + \frac{4}{3}\sigma_s (r^2 - m^2)^{\frac{3}{2}}$$

由此，根据输入的弯矩值，便可以得到 m 的值，即卡榫横截面的弹塑性分界线。当 $m = 0$ 时，整个卡榫全部进入塑性区。

通过以上弹塑性分析，可以得出短刚臂钢阻尼元件的水平力和位移的关系，求得相应的水平刚度值。

北京交通大学曾对短刚臂钢阻尼元件进行了反复加载试验，试验试件的结构尺寸见图 6－9，得出的滞回曲线如图 6－10，表明短刚臂钢阻尼元件具有良好的滞回耗能性能。

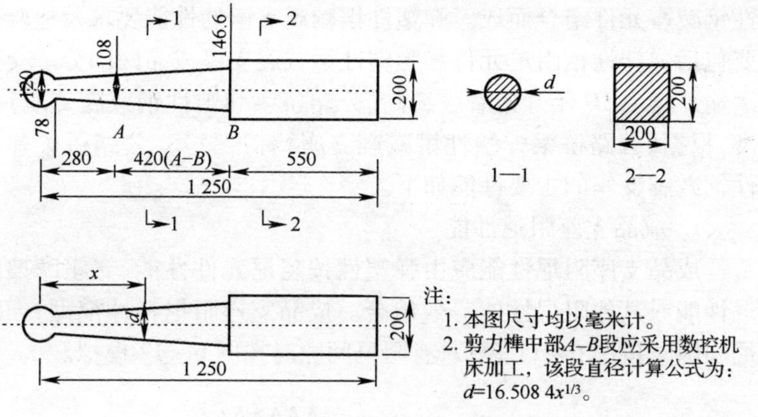

图 6－9　短刚臂钢阻尼元件的试验试件尺寸

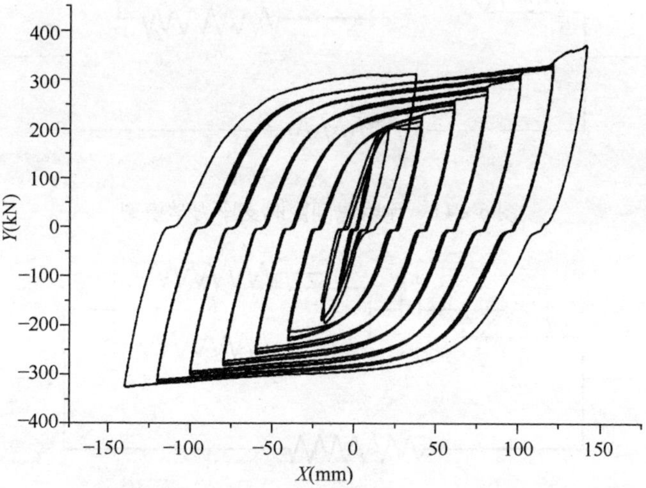

图 6－10　短刚臂钢阻尼元件的滞回曲线

第五节　弹塑性钢阻尼器的性能要求及其检验[13]

弹塑性钢减震支座是由常用的盆式支座或球形钢支座与弹塑

性钢减震元件组合而成。弹塑性钢减震支座的性能要求及检验主要包括弹塑性钢阻尼元件和弹塑性钢减震支座成品两部分。交通运输部自2010年开始着手编制《公路桥梁弹塑性钢减震支座》标准,根据《公路桥梁弹塑性钢减震支座》标准草案,公路桥梁弹塑性钢减震支座的主要性能如下。

1. 成品支座阻尼性能

成品支座阻尼性能应由弹塑性按阻尼元件性能、支座摩擦阻尼性能或其他阻尼性能等效组合。成品支座阻尼特性模型,无阻尼间隙时按图6-11模拟,有阻尼间隙时按图6-12模拟。

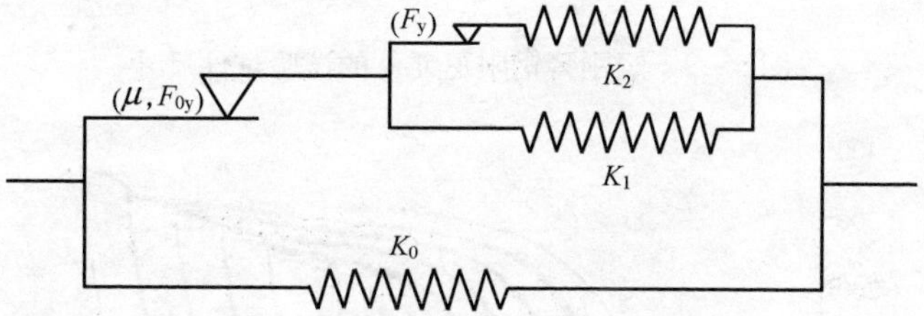

图6-11　无阻尼间隙时支座力学模型

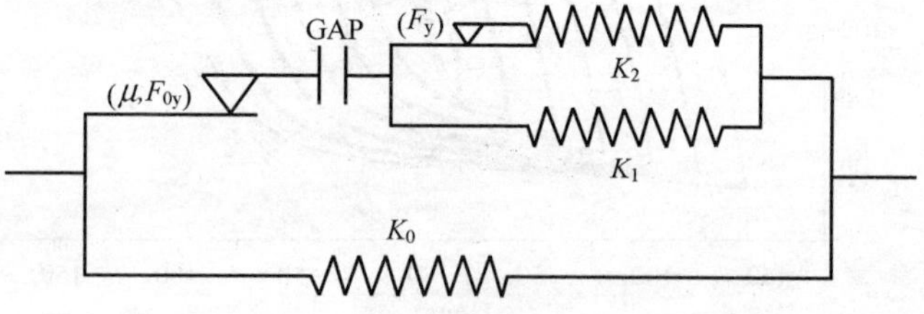

图6-12　有阻尼间隙时支座力学模型

成品支座阻尼比范围应在25%～45%为宜。摩擦阻尼力不得大于竖向承载力的5%。

(1)弹塑性钢阻尼元件的阻尼性能

弹塑性钢阻尼元件的阻尼力、阻尼位移应满足图6-13所示的双线性回复力模型。

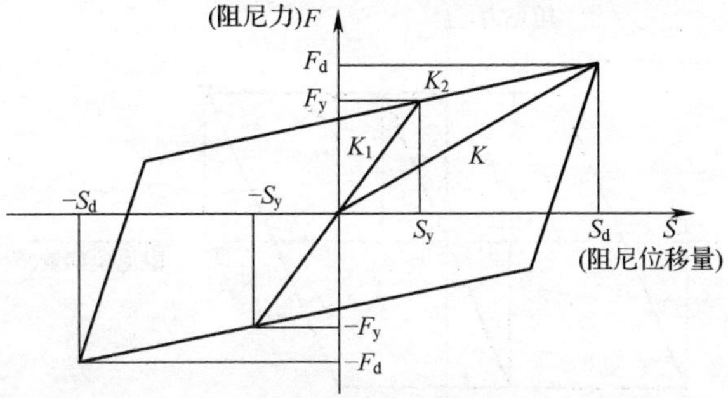

图 6－13　阻尼元件双线性恢复力模型

弹塑性钢阻尼元件的阻尼力、阻尼位移、水平等效刚度、等效阻尼比应满足设计图纸要求，其偏差应满足表 6－3 要求。

弹塑性钢阻尼元件阻尼比范围应在 20%～35% 为宜。

(2)公路桥梁弹塑性钢减震支座的摩擦阻尼性能

图 6－14 为摩擦阻尼双线性模型。

表 6－3　弹塑性钢阻尼元件性能要求

项　目	单　位	允许偏差	温度引起偏差(－40 ℃)
阻尼力 F	kN	±15%	——
阻尼位移 S	mm	±5%	——
水平等效刚度 K	kN/mm	±15%	±40%
等效阻尼比 ξ	%	±10%	±15%

(3)其他阻尼性能

其他阻尼元件的阻尼性能按阻尼元件的实际力学模型等效模拟。

2. 公路桥梁弹塑性钢减震支座的设计水平力

在设计水平承载力作用下，支座主体结构的力学性能应满足《桥梁球型钢支座》(GB/T 17955)或《公路桥梁盆式支座》(JT/T 391)中相关要求。

保险销的设计水平剪断力不得超出其地震荷载下设计值的 ±15%，弹塑性钢阻尼元件与支座上下板的连接销的水平承载能力应不得低于其设计承载力的 3 倍(或由桥梁工程师根据罕遇地

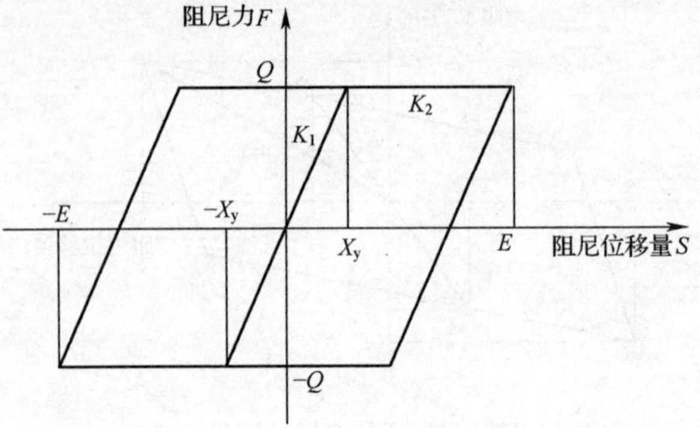

图 6－14　摩擦阻尼双线性恢复力模型

震确定)。保险销和连接销按照设计载荷加载,载荷循环次数需大于 200 万次。

非阻尼方向的水平力,支座所能承受的极限力应不小于设计水平承载力的 1.5 倍。

3. 公路桥梁弹塑性钢减震支座的转动、摩擦系数和设计位移量应满足相关盆式支座和球型钢支座的设计要求

4. 公路桥梁弹塑性钢减震支座用材的物理机械性能

支座用弹塑性钢耗能件一般采用塑性较好、屈服点较低的钢材,其化学成分应满足表 6－4 的要求,物理机械性能应满足表 6－5的要求。

表 6－4　弹塑性钢耗能件所用钢材化学成分

C	Si	Mn	P	S
≤0.31	0.15～0.30	0.90～1.60	≤0.035	≤0.030

表 6－5　弹塑性钢耗能件钢材物理机械性能

项　目	单　位	技术指标
屈服强度 σ_s	MPa	不宜大于 400
伸长率 δ_5	%	≥25%
抗拉强度 σ_b	MPa	不小于屈服强度的 1.5 倍
冲击功(AkV,纵向,－40 ℃)	J	≥27

此外，弹塑性钢耗能件采用钢材的主要化学成分应符合 GB/T 1591、GB/T 4172 中要求，但所选择的钢材，其 P、S 的含量不应超过 0.035。

弹塑性钢阻尼元件按照疲劳载荷加载，载荷循环次数不得低于 11 次；阻尼元件开裂长度不得大于开裂处断面尺寸的 1/5，且开裂宽度不得大于 3 mm。

连接弹塑性钢耗能件与支座主体的连接销或保险销的材料性能应不低于 40Cr 或者 42CrMo，工作表面粗糙度要求 $R_a \leqslant 1.6\ \mu m$，材质的化学成分和物理机械性能应符合 GB/T 3077 的要求。

支座用其他材料的性能要求以及外观要求等按支座主体结构应满足盆式支座和球形钢支座的相应规定要求。

5. 公路桥梁弹塑性钢减震支座的性能试验方法

公路桥梁弹塑性钢减震支座的性能包括：弹塑性钢减震支座的阻尼性能试验、弹塑性钢元件的阻尼性能试验、保险销和连接销剪切性能试验。

(1) 弹塑性钢减震支座的阻尼性能试验

1) 被测试件需按真实比例，试验时根据不同类型的弹塑性阻尼元件，每组试样的阻尼元件数量不同，一般每组成对组装。

试验用弹塑性钢阻尼耗能元件的材质应符合本设计要求，相关部件及外形尺寸应符合设计要求。

2) 弹塑性钢减震支座阻尼性能试验的测试内容包括：

① 标准位移－载荷试验

标准位移－载荷试验是为了测试弹塑性钢阻尼耗能元件在设计载荷条件下的承载能力及阻尼力 F 与位移 S 之间的变化关系。该试验需按以下步骤分别进行，并记录数据：

$\pm 0.25S_d$（5 次）；

$\pm 0.50S_d$（5 次）；

$\pm 1.00S_d$（10 次）。

式中　S_d——设计位移。

② 超载位移－载荷试验

超载位移－载荷试验是为了测试弹塑性钢阻尼耗能元件在超出设计位移条件下的承载能力。该试验需按照以下步骤分别进行,并记录数据：$\pm 1.2S_d$(5 次)。

上述试验应在试验室的标准温度为 23 ℃ ±5 ℃下进行。试验前将试样直接暴露在标准温度下,停放 24 h。

测试精度要求：F(阻尼力)：±0.5%；S(位移量)：±0.5%。

加载控制精度：F(阻尼力)：±1.0% 或 S(位移量)：±1.0%。

3)弹塑性钢减震支座的阻尼性能试验方法

弹塑性钢减震支座阻尼性能试验在阻尼试验装置试验台上进行。试验时先将支座竖向承载力以连续均匀的速度加至设计承载力的 30% 进行预压,保持 10 min,再加载至设计承载力的 70%,在整个试验过程中保持不变,然后通过试验平台施加水平载荷,由试验机的加载和测试系统可以测出此时的水平力和对应的位移值,绘制出力和位移的曲线,即滞回曲线。其水平载荷加载采用位移控制,按正弦波循环加载,其平均速度为 2 mm/s。

采用的试验装置要与耗能元件在支座上的实际工作状况相吻合。弹塑性钢耗能件(阻尼元件)常规为 E 型、C 型以及非线性阻尼辐等其他特殊形状。试验中,将上支座板组件与试验机加载系统相连接(一般可采用螺栓连接),并将下支座板固定。

阻尼耗能元件和支座主体之间采用销接,一部分销孔用来施加载荷,可以随着试验机移动并传递位移载荷,其余销孔为固定销孔,仅可自由转动,不得有位移,从而使阻尼元件产生大的变形而耗能。

4)弹塑性钢减震支座阻尼性能试验结果的鉴别

测试结果应满足以下几点,试验数据方可有效：

① 直至测试结束,弹塑性钢阻尼元件无断裂；

② 载荷位移曲线应随着位移的增加是连续的；

③ 位移 S_d 的测试值在第三个循环(或第六个循环)上记录,其最大值变化不能超过 15% 的设计值,其平均值不能超过 10% 的设计值；

④ 记录第三个循环(或第六个循环)上 S_d 对应的载荷值 F_d,其最大值变化不能超过 15% 的设计值,其平均值不能超过 10% 的设计值,并记录对应的 K、ξ 试验计算值为测试值;

⑤ 在第三循环(或第六个循环)记录的 ξ 测试值和其他循环(除第一个循环)的测试值变化不能超过 10% 。

力-位移循环试验及超静力试验结果应包含的内容:

① 基本参数的测试结果,见表 6-6:

表 6-6 力-位移循环试验及超静力试验基本参数的测试结果

试件编号	F_d	S_d	K	ξ
单　位	kN	mm	kN/mm	%
设计值				
测试值				
最大误差(%)				
平均值误差(%)				

② 弹塑性阻尼支座的载荷-位移图;

③ 弹塑性阻尼支座的等效双线性曲线;

(注:该曲线为减去支座本身摩擦力带来的影响以后获得的曲线。支座本身的摩擦系数 μ 已经在支座的摩擦试验中获得,支座受到的竖向承载力为 F_v,则摩擦力 $f=\mu F_v$,在荷载-位移图中将坐标轴横轴上方及下方的数据各自向横轴平移 f 后,可消除支座本身摩擦力的影响。)

④ 描述试验过程概况,重点记录试验过程中出现的异常现象;

⑤ 试验后试件有无损伤状态分析;

⑥ 试验过程照片和安装照片等附件。

(2)弹塑性钢阻尼元件的阻尼性能试验

该项试验用于弹塑性钢耗能元件在批量生产前的性能测试和批量生产的出厂性能测试。

1)弹塑性钢阻尼元件的阻尼性能试验试样

被测试件需用足尺模型,试验时根据不同类型的弹塑性阻尼元件,每组试样的阻尼元件数量不同,一般每组成对组装。

试验用弹塑性钢阻尼耗能元件的材质应符合设计的要求,相关部件及外形尺寸也应符合设计要求。

2)弹塑性钢阻尼元件的阻尼性能试验内容

弹塑性钢阻尼耗能元件阻尼性能试验的测试内容包括:

① 标准位移-载荷试验

标准位移-载荷试验是为了测试弹塑性钢阻尼耗能元件在设计载荷条件下的承载能力及阻尼力 F 与位移 S 之间的变化关系。该试验需按以下子步进行分别进行,并记录数据:

$\pm 0.1S_d$(5 次);

$\pm 0.2S_d$(5 次);

$\pm 0.3S_d$(5 次);

$\pm 0.5S_d$(5 次);

$\pm 1.0S_d$(5 次)。

② 超载位移-载荷试验

超载位移-载荷试验是为了测试弹塑性钢阻尼耗能元件在超出设计位移条件下的承载能力。该试验需按照以下步骤分别进行,并记录数据:$\pm 1.2S_d$(5 次)。

试件数量为三组。取三组试件的试验结果平均值为该批试件的试验结果。

测试精度要求:F(阻尼力):±0.5%;S(位移量):±0.5%。

加载控制精度:F(阻尼力):±1.0% 或 S(位移量):±1.0%。

3)弹塑性钢阻尼元件的阻尼性能试验方法

采用位移控制方式加载,载荷按正弦波循环加载,其平均速度为 2 mm/s。

采用的试验装置要与耗能元件在支座上的实际工作状况相吻合。由于阻尼耗能元件和支座主体之间采用销接,一部分销孔用来施加载荷,可随着试验机移动并传递位移载荷,其余销孔为固定销孔,仅可自由转动,不得有位移,从而使阻尼元件产生大的变形而耗能。弹塑性钢耗能件(阻尼元件)常规为 E 型、C 型以及非线性弧等其他特殊形状。

图 6-15 给出了一种 E 型阻尼元件阻尼性能测试的试验工装

示意图，图 6 – 16 给出了一种非线性阻尼元件阻尼性能测试的试验工装示意图。

可根据不同的试验条件制作不同的工装，但需要实现真实的阻尼工况的模拟，并避免工装本身对测试条件及测试精度造成不利影响。

4）弹塑性钢阻尼元件的阻尼性能试验报告

测试结果应满足以下几点，试验数据才可接受：

① 直至测试结束，弹塑性钢阻尼元件无断裂；

② 位移 S_d 的测试值在第三个循环上记录，其最大值变化不能超过 15% 的设计值，其平均值不能超过 10% 的设计值；

③ 记录第三个循环上的 S_d 对应的载荷值 F_d，其最大值变化不能超过 15% 的设计值，其平均值不能超过 10% 的设计值，并记录对应的 K、ξ 试验计算值为测试值；

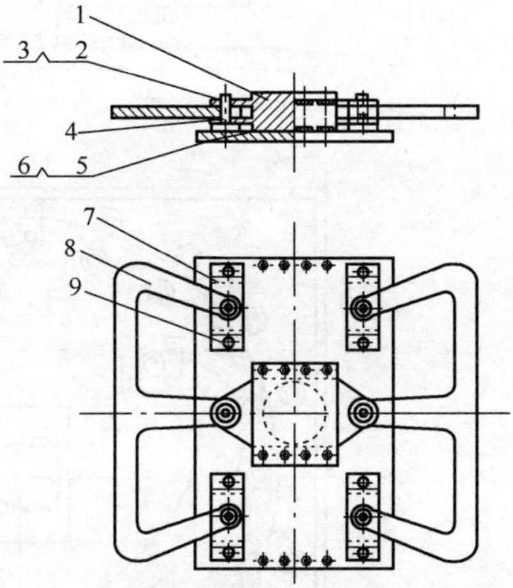

图 6 – 15　E 型钢阻尼元件阻尼性能测试的试验工装示意图

1—连接滑块（与试验机相连）；2—开口销；3—压板；4—连接销；5—滑板；6—不锈钢板；7—固定块；8—E 型钢阻尼元件；9—连接螺栓

④ 在第三循环记录的 ξ 测试值和其他循环（除第一个循环）的测试值变化不能超过 10% 。

标准位移 – 载荷试验及超载位移 – 载荷试验结果应包含下列内容：

① 基本参数的测试结果，见表 6 – 7；

② 弹塑性阻尼支座的载荷 – 位移图；

③ 弹塑性阻尼支座的等效双线性曲线；

④ 描述试验过程概况，重点记录试验过程中出现的异常

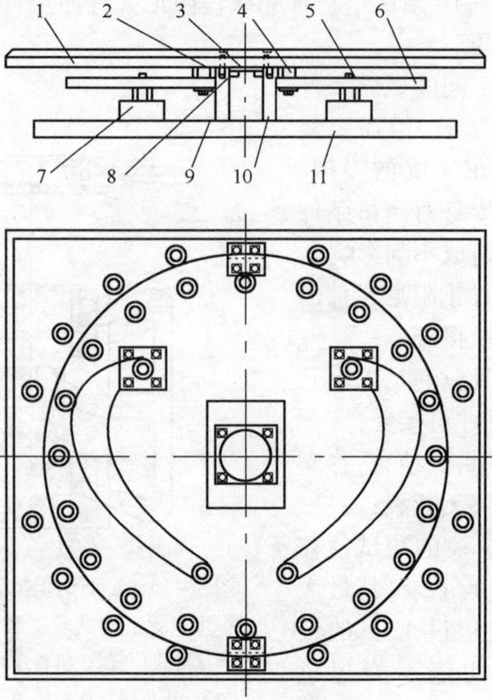

图 6－16　非线性阻尼元件阻尼性能测试的试验工装示意图

1—顶板(与试验机相连);2—滑块;3—连接板;4—连接销柱;
5—压板;6—非线性阻尼元件;7—连接销座;8—连接螺栓;
9—不锈钢板;10—滑板;11—底板(与试验机相连)

现象;

表 6－7　标准位移－载荷试验及超载位移－载荷试验基本参数的测试结果

试件编号	F_d	S_d	K	ξ
单位	kN	mm	kN/mm	%
设计值				
测试值				
最大误差(%)				
平均值误差(%)				

⑤ 试验后试件有无损伤状态分析;

⑥ 试验过程照片和安装照片等附件。

(3)弹塑性钢减震支座保险销和连接销剪切性能试验

1)弹塑性钢减震支座保险销和连接销剪切性能试验的试样

被测试件需按真实比例,设计专用的试验工装模拟保险销或连接销在支座上的安装使用情况。

2)弹塑性钢减震支座保险销和连接销剪切性能试验的试验内容

① 剪断力试验:测试保险销(带缺口销轴)的剪断载荷或连接销的最小保证载荷;

② 疲劳性能测试:测试保险销(带缺口销轴)或连接销受到一个固定大小剪切荷载时的疲劳性能。

剪断力试验试件数量为3组。取3组试件的试验结果平均值为该批试件的试验结果。疲劳性能试验试件数量为一组。

测试精度要求:F(阻尼力):±0.5%;N(循环次数):±1次。

加载控制精度:F(阻尼力):±1.0% 或N(循环次数):1次。

3)弹塑性钢减震支座保险销和连接销剪切性能试验的试验方法

在剪断力试验中,连续加载,直到保险销全部剪断为止,记录保险销剪断时的最大载荷;连接销则是连续加载至最小保证载荷,并保持至少1 min,然后卸载至设计载荷的5%,反复3次。

在疲劳性能试验中,荷载按正弦波加载,峰值为设计疲劳载荷,加载频率:1 Hz(试验工作人员可根据情况适当调整,但不宜超过2 Hz),持续加载,直到保险销或连接销全部剪断为止(加载次数超过设计疲劳次数可停止加载),记录保险销或连接销剪断时的载荷循环次数。

应设计专用的试验工装,模拟保险销或连接销在支座上的安装使用情况,在专用的试验工装上安装保险销或连接销。图6-17给出了一种用于保险销剪切性能试验的试验工装示意图。注意装配时保险销的缺口要与剪切面保持平齐。

可根据不同的试验条件制作不同的工装,但需要实现真实工况的模拟,并避免工装本身对测试条件及测试精度造成不利影响。

4)弹塑性钢减震支座保险销和连接销剪切性能试验的试验结果

剪断力试验中的最大剪断载荷需符合设计要求(偏差小于 ±15%);疲劳性能试验中,按照设计载荷加载,载荷循环次数 N 需大于 200 万次。

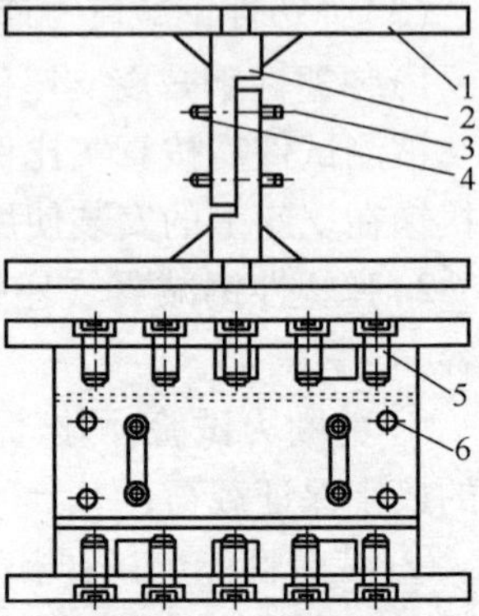

图 6-17　保险销剪切性能试验工装示意图

1—连接板;2—剪切板;3—导向螺栓;4—螺母;5—连接螺栓;6—保险销/连接销装配孔

试验报告应包括以下内容:

① 试件概况描述:试验保险销或连接销的型式及规格;

② 试验装置及试验概况:试验工装、试验设备、试验荷载、试验室温度等;

③ 描述试验过程概况,重点记录试验过程中出现的异常现象;

④ 试验记录完整,评定试验结果;

⑤ 试验过程照片和安装照片等附件。

弹塑性钢减震支座性能试验试验样品,原则上应采用实体支座。受试验设备能力限制时,可与用户协商选用有代表性小型支座进行试验。成品支座阻尼特性试验可采用阻尼元件试验代替,支座摩擦系数可选用小型支座进行试验。但是,选用支座竖向承载力不得小于 2 000 kN。

弹塑性钢减震支座具有形状设计自由、加工容易、维修成本低等优点,同时弹塑性钢阻尼装置具有阻尼特性稳定、阻尼比受温度的影响小、阻尼比高等特性。但弹塑性钢减震支座适应大位移的变形能力相对较差,如果支座正常使用状态的活动位移较大,弹塑性钢阻尼元件的构造尺寸就较大,才能满足支座在大位移时,弹塑性钢元件的塑性应变不至于过大。

《铁路桥梁减震、隔震支座及标准》草案对弹塑性钢阻尼支座的检验与测试也作了具体规定，检验与测试包括支座主体部分（盆式支座或球型钢支座）和阻尼元件的各项技术指标，以及支座的整体力学性能。

支座主体部分的性能测试，参照各种支座的相关标准进行。

支座阻尼元件的性能测试与《公路桥梁弹塑性钢减震支座》标准草案基本一致，主要进行位移－载荷试验。测试温度为（23 ±2）℃。测试中位移－荷载按正弦波加载，加载平均速度为2 mm/s，加载步骤如下：

$\pm 0.2S_d$（5 次）；

$\pm 0.5S_d$（5 次）；

$\pm 1.0S_d$（10 次）。S_d 为弹塑性钢元件的设计位移。

测试结果应满足以下要求：

① 直至测试结束，弹塑性钢无断裂；

② 荷载位移曲线应随位移的增长是连续的；

③ 测试所得弹塑性钢的屈服力 F_y 不超过其设计值的1.1 倍；

④ 设计位移下，弹塑性钢的有效阻尼比大于 15%。

自 2008 年汶川大地震以来，在交通运输部颁布的《公路桥梁抗震设计细则》（JTG/T B02—01—2008）的推动下，众多科研院所、企业致力于开发各类型的减隔震支座（装置），弹塑性钢减震支座就是其中一种。2009 年，中交第一公路勘察设计研究院有限公司独立研制了一款弹塑性钢减震支座——NDQZ 非线性阻尼辐减隔震球型钢支座，通过大量的理论研究、有限元仿真分析及支座试验验证后，在福建漳州市九龙江大桥主桥上成功应用了 2MN、6MN、65MN 共计 20 个 NDQZ 非线性阻尼辐减隔震球型钢支座，如图 6－18 所示。2010 年、2011 年先后又在陕西十天高速公路、四川岷江大桥主桥等广泛使用了此类型减隔震支座产品，其中岷江大桥主桥上采用的 110MN 弹塑性钢减震支座（NDQZ 非线性阻尼辐减隔震球型钢支座）是目前国内外最大吨位的减隔震支座。

随着国内对桥梁减隔震技术的深入研究和普遍重视，弹塑性钢减震支座势必将成为地震区域，特别是地震烈度较大、支座吨位和其他技术要求较高区域的一类重要减隔震装置产品。

图 6－18　应用于九龙江大桥的 NDQZ 非线性阻尼辐减隔震球型钢支座

中交第一公路勘察设计研究院有限公司认为，弹塑性钢隔震支座是由盆式橡胶支座或球型钢支座上设置弹塑性钢阻尼元件组合而成，因此其力学模型为支座的摩擦阻尼和弹塑性钢阻尼元件阻尼的组合。

支座的摩擦力学模型如图 6－19 所示。

弹塑性钢元件（阻尼元件）力学模型如图 6－20 所示。

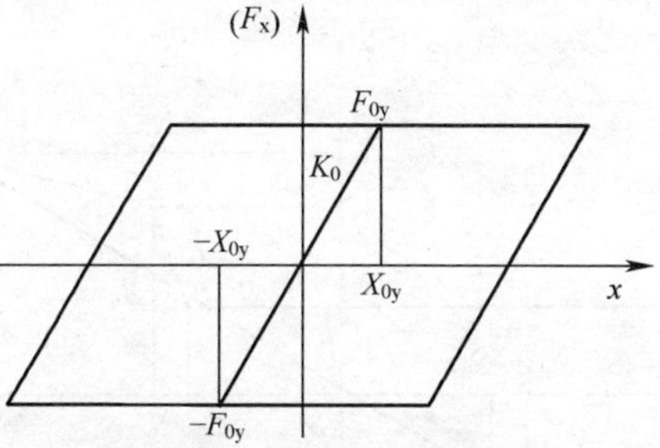

图 6-19　支座摩擦力双线性恢复力力学模型

注：图中 K_0 为滑移屈服前刚度，X_{0y} 为静摩擦屈服位移（一般取 2 mm），F_{0y} 为屈服力。

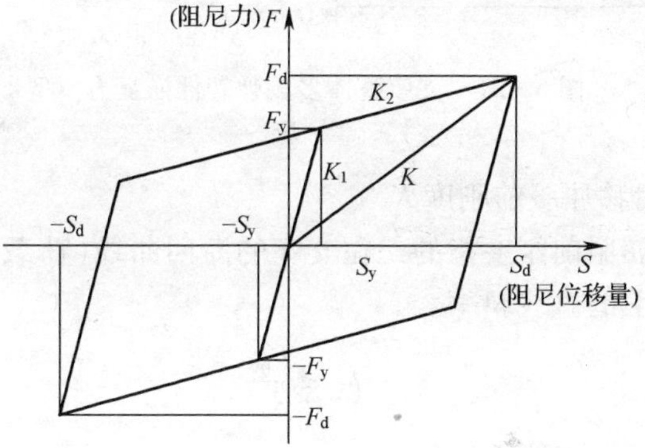

图 6-20　阻尼元件双线性恢复力力学模型

注：图中 K 为阻尼元件等效刚度，K_1 为阻尼元件屈服前刚度，K_2 为阻尼元件屈服后刚度，S_y 为阻尼元件屈服位移量，S_d 为设计阻尼位移，F_y 为阻尼元件屈服力，F_d 为设计阻尼力。

弹塑性钢减隔震支座整体力学性能由非线性阻尼辐和摩擦面共同起到耗能作用，整个支座的力学模型应综合考虑阻尼元件和摩擦力恢复力力学模型，采用多段弹塑性模型进行模拟，如图 6-21 所示。

1. 弹塑性钢减震支座力学性能

对于整个弹塑性钢支座而言，其减震耗能部分由弹塑性阻尼元件的滞回耗能和支座的摩擦滞回耗能构成。整个支座的力学模型采用图 6-21 所示的多段弹塑性模型进行模拟，其力学性能参

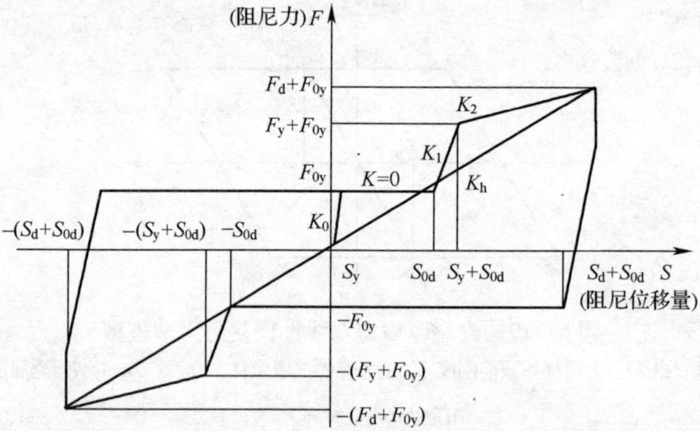

图 6－21　支座整体多段弹塑性恢复力模型

数如下：

（1）滑移屈服前刚度 K_0

滑移屈服前刚度指的是在支座的滞回曲线（荷载－位移）中，克服摩擦前的直线斜率。

$$K_0 = \frac{F_{0y}}{S_{0y}}$$

（2）屈服前刚度 K_1

屈服前刚度指的是在阻尼元件的滞回曲线（荷载－位移，图 6－20）中，屈服点前的直线斜率。

$$K_1 = \frac{F_y}{S_y}$$

（3）屈服后刚度 K_2

屈服后刚度指的是在阻尼元件的滞回曲线（荷载－位移，图 6－20）中，屈服点后的直线斜率。

$$K_2 = \frac{F_d - F_y}{S_d - S_y}$$

（4）支座水平等效刚度 K_h

支座水平等效刚度指的是在支座的滞回曲线（荷载－位移）

中,连接原点与滞回曲线峰值点的直线斜率。

$$K_{h}=\frac{F_{d}+F_{0y}}{S_{d}+S_{0y}}$$

(5)等效阻尼比 ξ

阻尼元件等效阻尼比在阻尼元件的滞回曲线(荷载 - 位移)中,用来表征阻尼元件耗散能量的大小,具体表达式如下:

$$\xi=\frac{E_{DS}}{2\pi E_{s}}=\frac{E_{DS}}{2\pi ES_{d}^{2}}$$

式中 E_{DS}——滞回阻尼耗能,等于最大位移处滞回曲线包围的面积,即图 6 - 21 中多边形包围的面积;

E_{S}——最大的应变能。

2. 支座力学性能要求

对于弹塑性钢减震支座而言,其力学性能主要是指其阻尼性能。

支座阻尼性能应满足下列要求:

(1)成品支座阻尼性能应由阻尼元件力学性能、摩擦阻尼性能或其他阻尼性能等效组合。

(2)成品支座阻尼比范围应在 20% ~35% 为宜。

阻尼元件力学性能应满足下列要求:

(1)阻尼元件的阻尼力、阻尼位移应满足双线性恢复力模型。

(2)阻尼元件的阻尼力、阻尼位移、水平等效刚度、等效阻尼比应满足设计图纸要求,其偏差和低温性能偏差应满足表 6 - 8 的要求。

表 6 - 8　阻尼元件力学性能要求

项　　目	单　　位	允许偏差	温度引起偏差(- 40 ℃)
阻尼力 F_{d}	kN	±15%	——
阻尼位移 S_{d}	mm	±5%	——
水平等效刚度 K_{h}	kN/mm	±15%	±40%
等效阻尼比 ξ	%	±10%	±15%

(3)阻尼元件等效阻尼比范围应在 25% ~45% 为宜。

摩擦阻尼性能要求:摩擦阻尼力不得大于竖向承载力的 5% 。

第七章　铅芯橡胶支座

第一节　概　　述

铅芯橡胶支座是在一般板式橡胶支座的基础上，在支座中心放入铅芯，以改善橡胶支座的阻尼性能的一种抗震支座。铅芯橡胶支座承受结构物的重量及水平力，使铅芯产生滞回阻尼的塑性变形，并通过橡胶提供水平恢复力。图 7－1 为铅芯橡胶支座的构造示意图。

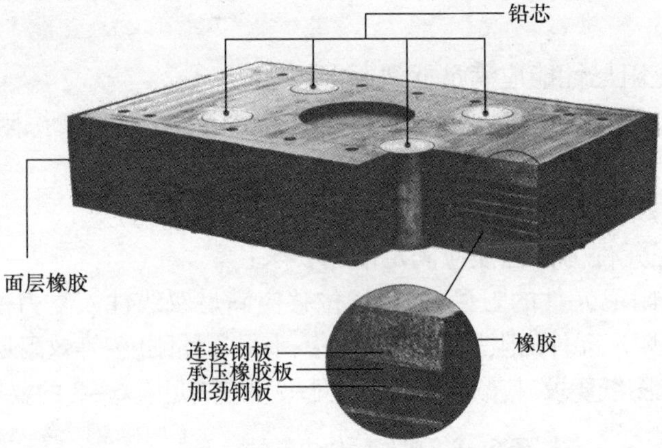

图 7－1　铅芯橡胶支座构造示意图

金属铅在环境温度下处于“热工作”状态，当发生塑性变形后，铅能够逐渐恢复原有的力学性能。当板式橡胶支座的钢板和橡胶把铅芯紧紧地约束住后，迫使全部铅芯在支座发生剪切变形时，产生塑性剪切变形，其结果是改变了支座的滞回曲线，使支座具有良好的阻尼效果。

铅芯橡胶支座所用的铅,必须是高纯度、不含任何杂质的铅。铅的化学成分如表 7-1 所示。

表 7-1　铅中杂质的含量(%)

样品	锡 Sn	镅 Am	铋 Bi	锑 Sb	锌 Zn	镄 Fm	铜 Cu
A	<0.01	<0.01	<0.01	<0.01	<0.01	<0.01	<0.005
B	<0.01	<0.01	<0.01	<0.01	<0.01	<0.01	<0.005

铅芯的直径建议取:$1.5 < h/d < 5$

式中　h——铅芯的高度;

d——铅芯的直径。

$h/d > 1.5$ 是为了使铅芯在较大的剪切变形时,仍能够通过铅芯的顶、底面传递剪力。如果 $h/d = 1$,则铅芯四周的边缘发生变形,有可能使铅芯趋向于球形,不能受力。$h/d < 5$ 主要是为了便于把铅芯紧紧地压入支座的预留孔内,并使铅芯完全充满该预留孔,如果 $h/d > 5$,铅芯可能失稳。铅芯的体积应比预留孔大 1% 左右,以便在装配时压紧铅芯。动力试验表明,铅芯被紧密压入预留孔的铅芯橡胶支座,其工作性能完全与具有良好性能的隔震系统相同。设计中可假定铅芯是屈服应力为 8.5 MPa 的理想弹塑性材料。

铅芯橡胶支座通常采用天然橡胶制造,橡胶的硬度为 45 ~ 60 度,比一般的板式橡胶支座要软一些。在建筑结构上用的铅芯橡胶支座橡胶硬度常常为 45 ~ 55 度,而在桥梁结构上常常采用橡胶硬度为 55 ~ 65 度,相应橡胶的剪切模量为 0.8 MPa,1.0 MPa 和 1.2 MPa。桥梁上常用的剪切模量为 1.0 MPa。主要是因为铅芯橡胶支座要适应地震时,支座发生较大的剪切变形(桥梁结构上为 250%,建筑结构上为 350%)的需要。日本用于铅芯橡胶支座的天然橡胶的成分组成中,要求胶料的含量在 50% 以上,碳黑的含量在 10% ~ 35%,灰分的含量在 10% 以下。支座用橡胶的物理机械性能见表 7-2。

表 7-2　日本用于橡胶支座的天然橡胶的物理机械性能要求

项　目	单位	天　然　橡　胶			
剪切弹性模量 G	MPa	0.6	0.8	1.0	1.2
硬　度	度	45±5	50±5	60±5	65±5
伸长率	%	600 以上(550 以上)	550 以上(500 以上)		
拉伸强度	MPa	14 以上	15 以上		
25% 伸长应力变化率	%	-10 ~ +100(70 ℃ ×70 h)			
伸长率变化率	%	-50 以下(70 ℃ ×70 h)			
压缩永久变形率	%	35 以下(70 ℃ ×22 h)			
耐臭氧老化		肉眼观察无龟裂((40±2 ℃) ×96 h)			
耐水性	%	10 以下(蒸馏水(50±2)℃,72 h)			
耐寒性		脆性温度 -30 ℃以下(寒冷地区 -40 ℃以下)			

注:成品中取样按括号内数据。

铅芯橡胶支座在一些多地震的国家中已广泛应用于桥梁上,自 1978 年~1992 年新西兰已有 39 座桥梁上采用了铅芯橡胶支座。日本于 1990 年在北戴高架铁路桥上首次采用了铅芯橡胶支座之后,从 1991 年~1994 年在 10 座桥梁上应用了铅芯橡胶支座。美国从 1984 年~1992 年,在 20 多座桥梁上采用了铅芯橡胶支座,其中大部分用于 1991 年~1992 年。在铁路桥梁上采用铅芯橡胶支座时,必须采取可靠的横向限位措施,以确保正常行车时的运行安全。

铅芯橡胶支座具有以下特点:

(1)竖向刚度大,承载性能好,能稳定地支承桥梁上部结构的荷载;

(2)水平刚度适中,能满足地震产生的大位移需要;

(3)通过调整铅芯的面积,可以改变铅芯橡胶支座的阻尼比,能有效地吸收地震能量。

为了满足上述性能要求,铅芯橡胶支座的主要技术性能参数如下:

(1)第一形状系数

第一形状系数是指支座单层橡胶板平面面积和侧面积之比值，与普通板式橡胶支座的形状系数一致，它决定了铅芯橡胶支座的抗压弹性模量，通常铅芯橡胶支座的第一形状系数 $7 \leqslant S_1 \leqslant 13$。

(2)第二形状系数

第二形状系数是指支座橡胶板平面面积和按支座橡胶总厚计算的侧面积之比值，第二形状系数通常用于确定支座的稳定性，第二形状系数 $S_2 \geqslant 5$。

(3)容许压应力

支座的容许压应力取决于第二形状系数和最大地震位移，容许压应力通常为 $\sigma_0 \geqslant 8$ MPa。

(4)等价刚度和等效阻尼比

等价刚度和等效阻尼比是衡量铅芯橡胶支座动力性能的指标，它与支座中所含铅芯面积的比例有关，一般需通过反复水平剪切试验来确定。通常等效阻尼比可达到 0.15 ~ 0.25。

我国交通行业在 2011 年开始制定《公路桥梁铅芯橡胶支座》标准，根据该标准草案对支座用橡胶的物理机械性能和支座内部结构的规定见表 7 - 3 和表 7 - 4[16]。

表 7 - 3　橡胶的物理机械性能

项　目		单位	天　然　胶		
剪切弹性模量		MPa	0.8	1.0	1.2
扯断伸长率		%	≥550		≥500
拉伸强度		MPa	≥18		
橡胶与钢板黏结剥离强度		kN/m	≥10		
热空气老化试验	拉伸强度变化率	%	≤15　(70 ℃ ×168 h)		
	扯断伸长变化率	%	≤20　(70 ℃ ×168 h)		
	硬度变化	(IRHD)	-5 ~ +10		
恒定压缩永久变形		%	≤30(70 ℃ ×24 h)		
耐臭氧老化		—	无龟裂 (50 pphm,30% 伸长,(40 ±2) ℃ ×96 h)		
脆性温度		℃	≤ -50		

表 7－4　铅芯隔震橡胶支座内部结构要求

支座最长边或直径（mm）	厚度		第二形状系数 S_2	铅芯面积与支座有效面积之比 A_p/A_e	铅芯高及直径之比 h_p/d_p
	支座中间单层橡胶厚度 t_e（mm）	支座中间单层加劲钢板厚度 t_S（mm）			
420	$14 \geqslant t_e \geqslant 8$	≥3	≥4	$4\% \leqslant A_p/A_e \leqslant 8\%$	$1.25 \leqslant h_p/d_p \leqslant 5$
470	$16 \geqslant t_e \geqslant 9$				
520	$18 \geqslant t_e \geqslant 9$				
570	$20 \geqslant t_e \geqslant 10$				
620	$21 \geqslant t_e \geqslant 11$				
670	$23 \geqslant t_e \geqslant 12$				
720	$26 \geqslant t_e \geqslant 13$				
770	$26 \geqslant t_e \geqslant 13$				
820	$28 \geqslant t_e \geqslant 14$				
870	$30 \geqslant t_e \geqslant 15$				
920	$32 \geqslant t_e \geqslant 16$				
970	$34 \geqslant t_e \geqslant 17$				
1 020	$35 \geqslant t_e \geqslant 18$	≥5			
1 070	$37 \geqslant t_e \geqslant 19$				
1 120	$39 \geqslant t_e \geqslant 20$				
1 170	$41 \geqslant t_e \geqslant 21$				
1 220	$43 \geqslant t_e \geqslant 22$				
1 270	$45 \geqslant t_e \geqslant 23$				
1 320	$46 \geqslant t_e \geqslant 24$				
1 370	$45 \geqslant t_e \geqslant 25$				
1 420	$48 \geqslant t_e \geqslant 25$				
1 470	$50 \geqslant t_e \geqslant 26$				
1 520	$53 \geqslant t_e \geqslant 28$				

铅芯橡胶支座的设计压应力容许值见表 7－5。

表7-5　支座设计压应力允许值

项　目		设计压应力容许值 σ_{max}(MPa)
最大设计压应力	$S_1<8$	8
	$8\leqslant S_1<12$	S_1
	$12\leqslant S_1$	12
最小压应力		1.5

注:1. 最大设计压应力容许值是指支座发生剪切应变为0.7后,其上下钢板重叠的面积所容许承受的压应力值。

2. S_1——支座第一形状系数,$7\leqslant S_1\leqslant 13$。

铅芯橡胶支座成品的竖向及水平向性能应满足表7-6的要求。

表7-6　支座成品的竖向及水平性能

序号	项　目		性 能 要 求
1	竖向性能	竖向刚度	实测值 $K_v'=K_v\pm K_v\times30\%$
		压缩变形量	设计荷载下,压缩变形量小于支座橡胶总厚的7%
2	水平性能	水平等效刚度	实测值 $K_{Bm}'=K_{Bm}\pm K_{Bm}\times10\%$
		等效阻尼比	实测值 $h_{Bm}'=h_{Bj}\pm h_{Bj}\times20\%$
		最大水平位移	最大水平剪切应变不小于橡胶总厚的300%

第二节　铅芯橡胶支座设计基本参数

铅芯橡胶支座的设计方法主要参考日本2004年的《道路桥支承便览》标准。该标准是在大量试验数据的基础上总结而成的[14]。

1. 铅芯橡胶支座设计的基本参数。

(1)垂直反力,恒载反力;

(2)水平力,正常使用下的水平力;

(3)设计位移,正常使用下的水平位移,地震时控制的极限位移;

(4)设计转角。

2. 铅芯橡胶支座的构造要求。

(1)铅芯橡胶支座的橡胶有效面积 A_r

$$A_r = A_g - A_{pb}$$

式中 A_g——加劲钢板面积;

A_{pb}——铅芯面积。

(2)铅芯面积占支座全面积的 4% ~8%,铅的剪切强度$[\zeta_{pb}]$ = 8.5 MPa,屈服力 $Q_d = 8.5 \times A_{pb}$。

(3)铅芯高度与直径的比值为:

$$1.25 \leqslant \frac{h_{pb}}{D_{pb}} < 5$$

式中 h_{pb}——铅芯高度;

D_{pb}——铅芯直径。

(4)橡胶容许压应力$[\sigma_r]$与支座的第一形状系数相关:

$S_1 < 8$ $[\sigma_r] \leqslant 8$ MPa;

$8 \leqslant S_1 < 12$ $[\sigma_r] \leqslant S_1$;

$12 \leqslant S_1$ $[\sigma_r] = 12$ MPa。

3. 铅芯橡胶支座的双线性模型

铅芯橡胶支座的滞回曲线通常采用双线形模型,见图7-2。双线形模型的各项参数如下:

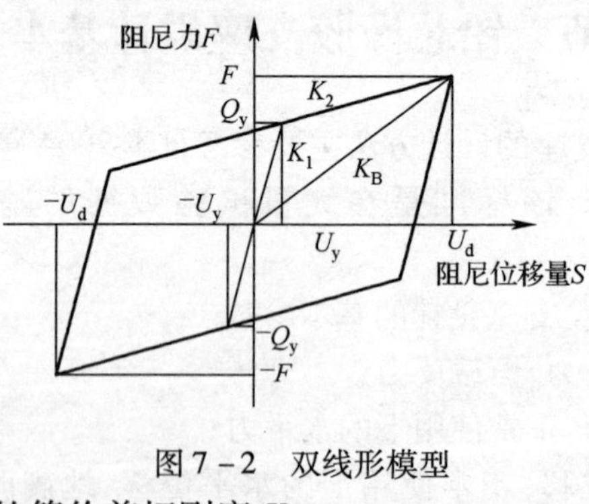

图 7-2 双线形模型

(1)支座的等价剪切刚度 K_B

$$K_B = \frac{G(\gamma)A_e}{\sum t_e}$$

(2)等价剪切模量 $G(\gamma)$

$$G(\gamma) = G_e + q(\gamma)\frac{k}{\gamma}$$

式中 G_e——橡胶剪切模量，可以为 $G_e = 0.8, 1.0$ 和 1.2 MPa。

$q(\gamma)$——计算等价剪切弹性模量时用的铅芯剪切应力(MPa)。

$$q(\gamma) = a_0 + a_1\gamma + a_2\gamma^2 + a_3\gamma^3$$

系数 a 见表 7－7。

表 7－7　铅芯橡胶支座 $q(\gamma)$ 系数

适用条件		a_0	a_1	a_2	a_3
平时	$\gamma \leqslant 0.10$	—	23.395	—	—
	$0.10 < \gamma \leqslant 0.70$	3.246 2	－11.6	27.891	－25.635
地震时	$\gamma \leqslant 0.35$	—	29.7	—	—
	$0.35 < \gamma \leqslant 0.50$	10.395	—	—	—
	$0.50 < \gamma \leqslant 2.00$	15.981 4	－12.560 4	2.775 2	—
	$2.00 < \gamma$	1.9614	—	—	—

K——橡胶面积 A_e 与铅芯面积 A_p 之比，$K = A_p/A_e$。

A_p——铅芯面积。

γ——支座剪应变，地震时为有效剪应变。有效剪应变 $\gamma_e = C_b \times \gamma$，$C_b = 0.7$。

(3)铅芯橡胶支座双线性模型的等价阻尼比按下式计算：

$$h_B = \frac{2Q_d\left(u_{Be} + \dfrac{Q_d}{K_2 - K_1}\right)}{\pi U_{Be}(Q_d + U_{Be}K_2)}$$

式中
$$Q_d = q_0(\gamma_e)A_p,$$
$$k_1 = 6.5k_2$$
$$K_2 = (F - Q_d)/u_{Be}$$

$U_{Be}=C_b\times\sum t_e$，$C_b=0.7$，$\sum t_e$ 为支座橡胶总厚。

q_0——计算屈服荷载用铅的剪切应力(MPa)。

$q_0(\gamma)=b_0+b_1\gamma_e$，$b$ 值见表7－8。

表7－8　*b* 值

	b_0	b_1
$\gamma_e\leqslant0.35$	—	23.82
$\gamma_e>0.35$	8.337	—

Q_d——埋入橡胶中的铅的屈服荷载。

Q_r——埋入橡胶中的铅的屈服力。

K_1——一次刚度(MPa)。

K_2——二次刚度(MPa)。

F——有效设计位移下的水平力(N)，$F=G_e\times A_e\times\gamma_e+A_p\times q(\gamma_e)$。

U_{Be}——有效设计位移。$U_{Be}=C_B\times U$，$C_b=0.7$，$U=\sum t_e\times\gamma$。

下面以一个实例说明铅芯橡胶支座基本特性的计算，支座设计参数见表7－9。

表7－9　支座设计参数表

项　目	单　位	
支座直径	mm	520
加劲钢板直径	mm	500
单层橡胶厚度	mm	11×7
橡胶总厚	mm	77
加劲钢板厚度	mm	3×6
加劲钢板总厚	mm	18
封板厚	mm	20×2
支座总高	mm	135
铅芯直径	mm	60×4
橡胶剪切模量	MPa	0.8
支座竖向力	kN	5000
支座平时设计位移	mm	±50
支座地震时设计位移	mm	±134.75

铅芯面积 $A_{pb} = \frac{\pi}{4} \times 60^2 \times 4 = 11\ 310\ mm^2$，

橡胶有效面积 $A_r = \frac{\pi}{4} \times 500^2 - 11\ 310 = 185\ 040 mm^2$，

第一形状系数 $S_1 = 500/4/11 = 11.36$，

第二形状系数 $S_2 = 500/77 = 6.49$，

平时支座剪应变 $\gamma = 50/77 = 0.65$，

地震时有效剪应变 $\gamma_e = 134.75/77 = 1.75$，

支座含铅量 11 310/185 040 = 0.061 1 = 6.11%，

铅芯高度与直径之比 95/60 = 1.58，

铅芯剪应力 $\tau_{pb} = 15.981\ 4 - 12.560\ 4 \times 1.75 + 2.775\ 2 \times 1.75^2 = 2.5\ MPa$，

支座水平力 $F = (A_r \times G \times \gamma_e + A_{pb} \times \tau_{pb}) = 185\ 040 \times 0.8 \times 1.75 + 11\ 310 \times 2.5 = 287\ 331\ N = 287.33\ kN$，

支座等效水平刚度 $K_{eq} = 287.33/77/1.75 = 2.13\ kN/mm$，

铅芯屈服应力 $Q_d = 11\ 310 \times 8.337/1\ 000 = 94.29\ kN$，

二次刚度 $K_2 = (F - Q_d)/U_{be} = (287.33 - 94.29)/134.75 = 1.43\ kN/mm$，

一次刚度 $K_1 = 6.5 \times K_2 = 6.5 \times 1.43 = 9.31\ kN/mm$，

支座等效阻尼比 $h_B = \frac{2 \times Q_d \times (U_{be} - Q_d/(K_1 - K_2))}{\pi \times U_{be} \times (Q_d + U_{be} \times K_2)} = 0.190\ 4$。

20 世纪 90 年代，日本《建设省道路桥减震设计法手册》中也曾经提出有关铅芯橡胶支座设计的经验公式。在《建设省道路桥减震设计法手册》中，关于计算等价剪切弹性模量时用的铅芯剪切应力 $q(\gamma)$ 的计算公式如下：

$$q(\gamma) = 8.5 + 18.38\gamma - 28.36\gamma^2 \quad (0 \leqslant \gamma \leqslant 0.5),$$

$$q(\gamma) = 16.3 - 12.81\gamma + 2.83\gamma^2 \quad (0.5 < \gamma \leqslant 2.0),$$

$$q(\gamma) = 2.0 \quad (2.0 < \gamma \leqslant 2.5)。$$

尽管各参数与日本 2004 年的《道路桥支承便览》标准有少量

变化，但最终各项设计参数的计算结果基本一致。

我国生产的铅芯橡胶支座性能检测结果表明，采用日本2004年《道路桥支承便览》的设计参数也是可行的。从以上计算公式中可以得出，铅芯橡胶支座的水平等效刚度和等效阻尼比，除了和橡胶的特性、支座的剪应变相关外，主要和支座铅芯的截面大小有关。通过改变支座中的铅芯截面大小，可有效地改变铅芯橡胶支座的水平等效刚度和等效阻尼比。

第三节　铅芯橡胶支座设计实例

下面以日本某建筑支座的实例来说明铅芯橡胶支座的设计方法[15]。

1. 支座设计条件

（1）长期垂直荷载 $W=5\ 000$ kN（用于决定支座的外形尺寸）。

（2）短期垂直荷载 $W_{max}=10\ 000$ kN（地震是由建筑物振动产生支座的最大轴向荷载，主要用于检算支座的极限变形量和屈曲稳定性）。

（3）水平固有周期 $T_h=3.00$ s（设计变形量时）。

（4）垂直固有周期 $T_v=0.076$ s（$F_v\geqslant 13$ Hz）。

（5）屈服荷载特征值 $Q_d=150$ kN（设定为风力等水平力的2倍，一般取 $0.03W\leqslant Q_d<0.1W$，本例取 $Q_d=5\ 000\times 0.03=150$ kN。

（6）按水准Ⅱ地震时的变形量 $L_2=320$ mm。

（7）按余裕度水准地震时的变形值 $L_3=400$ mm。

（8）设计用变形量 $X_d=160$ mm（用于求得等价刚度用的变形量）。

2. 支座的垂直刚度和弹性系数的计算

垂直刚度 $K_v=A\times E_c(n\times t_r)$

式中　A——支座截面积；

E_c——考虑支座体积弹性系数的总弹性系数；

$n \times t_r$——总橡胶层厚度。

$$\frac{1}{E_c} = \frac{1}{E_{ap}} + \frac{1}{E_\infty}$$

$$E_{ap} = \frac{E_0}{D_0}\left(1 + 2KS_1^2)\right)$$

$$S_1 = \frac{D_0}{4 \times T_r}$$

式中　E_{ap}——支座橡胶的表观弹性模量；

E_∞——橡胶的体积模量；

S_1———次形状系数；

D_0——橡胶外径；

E_0——橡胶的弹性模量；

K——硬度修正系数。

$$K_v = \frac{\pi \cdot D^2}{4 \cdot n \cdot t_r} \cdot \frac{E_0(1 + 2KS_1^2)E_\infty}{E_0(1 + 2K^2S_1) + E_\infty}$$

3. 目标弹性系数的确定

根据设计条件求出水平弹性系数（等价刚度 K_{eq}）和垂直弹性系数 K_v，

$$K_H = \frac{W}{g}\left(\frac{2\pi}{T_H}\right)^2 = \frac{5\,000 \times 1\,000}{9\,800}\left(\frac{2\pi}{3}\right)^2 = 2\,238\ \text{N/mm},$$

$$K_V = \frac{W}{g}\left(\frac{2\pi}{T_V}\right)^2 = \frac{5\,000 \times 1\,000}{9\,800}\left(\frac{2\pi}{0.076}\right)^2 = 3\,487.2\ \text{kN/mm}。$$

4. 铅芯面积的计算

铅芯面积 A_p 根据屈服荷载 Q_d 按下式求得：

$$A_p = \frac{Q_d}{\sigma_p} = \frac{150 \times 1\,000}{8.5} = 17\,650\ \text{mm}^2$$

式中　σ_p——铅的表观剪切屈服应力（8.5 MPa）。

5. 铅的直径计算

$D_p = \sqrt{4 \cdot A_p/\pi} = 149.9$ mm，取 150 mm，相应屈服荷载 $Q_d = \sigma_p \times A_p = 150$ kN。

6. 橡胶材料的选定

本设计取天然橡胶的剪切模量 $G=0.4$ MPa，$E_0=1.47$ MPa，$E_\infty=2\ 000$ MPa，$K=0.85$。

7. 剪切变形的设定

在水准Ⅱ的地震变形量时，橡胶应在线性范围内，一般情况下橡胶的剪切变形为 $\gamma_L=200\%$ 时，大多处于线性范围。设定在水准2的地震变形量 $\gamma_2=320$ mm 时，橡胶的剪切变形为$\gamma_L=200\%$。

8. 橡胶总厚度的确定

由变形量和剪切变形的关系，求得橡胶总厚度 $n\times t_r=L_2/\gamma_L=320/200\%=160$ mm。

9. 橡胶面积的计算

等价刚度 K_{eq}和屈服刚度 K_d 之间有以下关系（$X=X_d$ 时），

$$K_d=K_{eq}-Q_d/X_d,$$

当剪切变形为50%时，屈服后刚度 K_{d50}和橡胶水平刚度系数 K_r 的关系：

$$K_{d50}=K_r(1+\alpha A_p/A_r),$$

式中　A_r——橡胶的面积；

α——由于铅芯对水平刚度的修正系数，取 $\alpha=4$。

屈服后的刚度与橡胶的剪切变形有关，其修正系数 C_{kd}为：

$$K_d=C_{kd}\times K_{d50}$$

$$C_{kd}=0.921\times\gamma^{-0.12}(\gamma\geqslant 0.5)$$

当变形量为 X_d 时，$\gamma=1.0$，$C_{kd}=0.921$，求得橡胶面积的表达式：

$$A_r=K_r\cdot\frac{n\cdot t_r}{C}=\frac{1}{C_{kd}}\cdot\left(K_{eq}-\frac{Q_d}{X_d}\right)\cdot\frac{n\cdot t_r}{G}-\alpha\cdot A_p$$

$$=493\ 680\ \text{mm}^2。$$

10. 橡胶平面形状的设定

橡胶的外径 D_0，由橡胶面积 A_r 和铅芯直径 D_p 求得。

$$D_p=\sqrt{\left(\frac{4\cdot A_r}{\pi}+D_p{}^2\right)}=\sqrt{\left(\frac{4\times 493\ 680}{\pi}+150^2\right)}=807\ \text{mm},$$

取 810 mm。

11. 橡胶平面压应力的计算

$$\sigma = \frac{W}{(D_o^2 - D_p^2)\cdot \pi/4} = 10.05\ \text{MPa}\ 。$$

12. 二次形状系数 S_2

由橡胶总厚除以外径求得：

$$S_2 = \frac{D_o}{n\cdot t_r} = \frac{810}{160} = 5.06\ 。$$

13. 屈服及极限变形的检算

橡胶由剪切变形引起的破坏，由橡胶剪切屈服现象的发生来判断，屈服由二次形状系数和正压力作用而产生剪切破坏。通常支座剪切模量大于 0.4 MPa，二次形状系数大于 5，正应力在 20 MPa时，不会发生屈服。一般以屈服极限作为破坏限界，用变形量的安全系数来判定屈服极限。考虑支座的极限破坏变形 $\gamma_b = 400\%$，变形量的安全系数取 2。本例中二次形状系数为 5.06 > 5，满足要求，支座最大压应力为 10.05 × 2 = 20.1 MPa，超过 20 MPa，因此将支座外径加大到 820 mm，支座橡胶压应力为 19.59 MPa < 20 MPa，不会发生剪切屈服。

14. 单层橡胶厚度的计算

由目标垂直弹性系数 K_v 的要求，可以由公式求得一次形状系数 $S_1 = 29.9$，进一步求得支座单层橡胶厚度 $t_r = D/4 \times S_1 = 820/4 \times 29.9 = 6.86$ mm，取 6.5 mm。由此计算得到支座的一次形状系数 $S_1 = 31.5 > 25$，通常要求支座的一次形状系数在 25 以上。

15. 橡胶层数的决定

由支座橡胶总厚和单层橡胶厚度可求出橡胶层数 $n = 160/6.5 = 24.6$，取 25 层，实际支座橡胶总厚为 25 × 6.5 = 162.5 mm。

16. 水平及垂直弹性刚度的检算

$D_0 = 820$ mm，$D_p = 150$ mm，$A_r = 510\ 430\ \text{mm}^2$，$A_p = 17\ 650\ \text{mm}^2$，$t_r = 6.5$ mm，$n = 25$，$n \times t_r = 162.5$ mm，$G = 0.4$ MPa，

$E_o = 1.47$ MPa，$Q_d = 150.2$ kN，$E_\infty = 2\ 000$ MPa，$K = 0.85$，$C_{kd} = 0.921$（$\gamma = 100\%$）。

水平刚度系数 K_{eq}。

$$K_r = G \cdot \frac{A_r}{n \cdot t_r} = 0.4 \times \frac{510\ 430}{25 \times 6.5} = 1\ 256.4\ \text{N/mm}$$

$$K_{d50} = K_r\left(1 + \alpha \cdot \frac{A_p}{A_r}\right) = 1\ 256.4 \times \left(1 + 4 \times \frac{17\ 650}{510\ 430}\right) = 1\ 430.2\ \text{N/mm}$$

$$K_d = C_{kd} \cdot K_{d50} = 0.921 \times 1\ 430.2 = 1\ 317.2\ \text{N/mm}$$

$$K_{eq} = \frac{Q_d}{X_d} + K_d = \frac{150\ 200}{160} + 1\ 317.2 = 2\ 256\ \text{N/mm}$$

与设计目标值 2 238 N/mm 的偏差仅为 +0.8%。

垂直刚度 K_v：

$$K_v = \frac{D^2 \cdot \pi}{4 \cdot t_r} \cdot \frac{E_0(1 + 2 \cdot K \cdot S_1^2) \cdot E_\infty}{E_0(1 + 2 \cdot K \cdot S_1^2) + E_\infty} = 3\ 598\ 769.8\ \text{N/mm}$$

与设计目标值 3 487 197 的偏差为 +3.2%。

17. 容许变形量的检算

橡胶总厚 162.5 mm。水准 2 地震时变形 320 mm，$\gamma_2 = 320/162.5 = 196.9\% < 200\%$。余裕度水准变形量 400 mm，$\gamma_3 = 400/162.4 = 246.2\% < 400\%$，安全系数达 1.62。

第四节 铅芯橡胶支座的性能检验

为了确定铅芯橡胶支座的各项技术参数，需要通过支座的静力和动力试验。根据日本桥梁支座协会的《免震用板式橡胶支座手册》，和国际标准化委员会 ISO 22762—1《隔震橡胶支座 第一部分：试验方法》的要求，铅芯橡胶支座需要进行以下性能试验[15]。

1. 铅芯橡胶支座基本特性试验

根据日本标准支座基本特性试验，基准压力有 $\sigma_0 = 5$ MPa、

10 MPa、15 MPa 三种，基准剪应变 $\gamma_0=50\%$、100%、150% 三种。

铅芯橡胶支座基本特性试验的抗压试验，对于桥梁支座一般取 $\sigma_0=(10\pm3)$ MPa，用 0.3 Hz 的正弦波加载 10 个循环，以第三循环为准，确定垂直刚度 K_r 和抗压模量 E_{ap}。以 4～10 个循环的平均值，求出抗压模量的稳定性指标。

压缩剪切试验应在基准压力 σ_0 之下，以基准剪应变 $\gamma_0=50\%$、100%、150% 三种条件，用 0.3 Hz 的正弦波加载 3 个循环，以第 3 循环的滞回曲线计算水平刚度、屈服后刚度、等效阻尼比和水平屈服荷载。还应对支座在 $\gamma_0=150\%$ 条件下往复加载 40 次后，停留 3 h 后，再加载 40 次，测定水平刚度和等效阻尼比的变化率。

2. 铅芯橡胶支座影响支座水平特性的各种相关试验

根据日本标准支座基本特性试验，基准压力有 $\sigma_0=5$ MPa、10 MPa、15 MPa 三种，基准剪应变 $\gamma_0=50\%$、100%、150% 三种。铅芯橡胶支座影响支座水平特性的各种相关试验包括剪应变大小的影响、正压力的影响、加载频率的影响、循环加载次数的影响和温度变化的影响。具体试验项目见表 7－10。

表 7－10 铅芯橡胶支座水平特性的各种相关试验

试验项目	正应力 σ_0	剪应变 γ_0	加载波形	加载频率 (Hz)	试验温度 (℃)	加载次数
剪切依存性	σ_0	$0.5\gamma_0$，$1.0\gamma_0$，$1.5\gamma_0$，$2.0\gamma_0$	正弦波	0.3	常温	3
正压力依存性	0、$0.5\sigma_0$，$1.0\sigma_0$，$1.5\sigma_0$，$2.0\sigma_0$	γ_0	正弦波	0.3	常温	3
频率依存性	σ_0	γ_0	正弦波	0.01，0.1，0.3，1.0	常温	3
温度依存性	σ_0	γ_0	正弦波	0.3	－10，0，20，40，－20	3

续上表

试验项目	正应力 σ_0	剪应变 γ_0	加载波形	加载频率（Hz）	试验温度（℃）	加载次数
循环次数依存性	σ_0	γ_0	正弦波	0.3	常温	50+3，计算1、3、5、10、30、50及53次数据

3. 铅芯橡胶支座影响支座垂直特性的各种相关试验（必要时才做）

铅芯橡胶支座影响支座垂直特性的各种相关试验包括剪应变大小的影响、正压力的影响、加载频率的影响和温度的影响。试验的基本压应力 $\sigma_0=5$ MPa、10 MPa、15 MPa，基本剪应变 $\gamma_0=50$、100、150% 的条件下，进行以下几种试验，详见表 7－11。

表 7－11　铅芯橡胶支座垂直特性的相关试验

试验项目	正应力 σ_0	剪应变 γ_0	加载波形	加载频率（Hz）	试验温度（℃）
剪切依存性	$\sigma_0 \pm 0.3\sigma_0$	0、$1\gamma_0$，$2\gamma_0$	正弦波或三角波	0.3	常温
正压力依存性	$\sigma_0 \pm 0.3\sigma_0$、$\sigma_0 \pm 0.5\sigma_0$、$\sigma_0 \pm 1.0\sigma_0$	γ_0	正弦波或三角波	0.3	常温
频率依存性	$\sigma_0 \pm 0.3\sigma_0$	γ_0	正弦波或三角波	0.01、0.1、0.3、1.0以及10～20中取一个	常温
温度依存性	$\sigma_0 \pm 0.3\sigma_0$		正弦波或三角波		－10、0、20、40和－20

4. 铅芯橡胶支座的破坏试验

铅芯橡胶支座的破坏试验包括水平极限变形和垂直破坏试验。水平极限变形试验为在正应力 $\sigma_0 = 10$ MPa(或 15 MPa)条件下,施加水平力直至破坏,测定极限水平变形。垂直破坏试验为在基准剪应变 $\gamma_0 = 50\%$、100%、150% 之下,施加垂直荷载直至破坏,测定极限承载力。

根据日本对铅芯橡胶支座的试验,主要有以下结果:

(1)水平特性与剪切变形的关系

在剪切变形不足 50% 时,水平刚度随剪切变形的增加而降低,在剪切变形大于 50% 时趋于稳定。在剪切变形不足 50% 时,屈服荷载随剪切变形的增大而增大,在剪切变形大于 50% 时屈服荷载趋于稳定。

(2)水平特性与正应力的关系

随着正应力的提高,水平刚度下降,等效阻尼比增大,屈服荷载略有上升。

(3)铅芯橡胶支座剪切特性的极限状态

铅芯橡胶支座剪切特性的极限状态与天然橡胶的板式橡胶支座几乎相等,当二次形状系数 $S_2 > 5$ 时,剪切变形直至 150% ~ 200% 时为直线变化,随后有硬化现象,到剪切变形达 400% 以上时发生破坏。当 $S_2 = 3 \sim 4$ 时,随着正压力的增加,在大变形情况下会发生压屈。

(4)水平特性与反复循环次数的关系

等价刚度、屈服后刚度、等价阻尼比、屈服荷载等,在最初几次循环时略有下降,随后趋于稳定。激振后停放足够的时间,再次激振时,特性恢复。

(5)水平特性与温度的关系

铅的屈服应力受温度影响,以 15 ℃ 为准,在 0 ℃ 时增加 15%,30 ℃时下降 12%。对于屈服后的刚度,铅的温度影响很小,几乎和天然橡胶的特性相同。

(6)剪切残余变形与垂直压缩的关系

铅芯橡胶支座的垂直刚度与剪切变形的关系,随着支座剪切变形的增大,垂直刚度降低。

(7)垂直荷载的抗压极限强度

铅芯橡胶支座的垂直荷载下的抗压极限强度没有最终结论,一次形状系数 $S_1=35$、二次形状系数 $S_2=5$ 时,抗压极限强度可以达到 49 MPa 以上,相对于使用应力具有较大的安全系数。

(8)垂直压缩与振动频率的关系

垂直刚度随振动频率的增加而增加,振动频率在 0.01 ~ 20 Hz时的变化率约为 10%。

除日本外,铅芯橡胶支座的性能也可以依据欧洲 EN15129—2009《减震、隔震装置》的要求检验。欧洲标准偏向于支座在往复荷载作用下的隔震性能。

欧洲 EN15129—2009《减震、隔震装置》中对高阻尼橡胶支座、铅芯橡胶支座的原材料及实体支座的性能要求的检验,均提出了详细的要求,并要求在生产过程和型式检验中进行测试。表 7－12为铅芯橡胶支座用橡胶弹性体的型式试验要求,表 7－13为铅芯橡胶支座的成品支座型式测试和要求[6]。

表 7－12　高阻尼橡胶支座和铅芯橡胶支座用橡胶弹性体型式试验

<table>
<tr><th colspan="2" rowspan="2">试验项目</th><th colspan="4">试验要求</th></tr>
<tr><th>加载频率(Hz)</th><th>应变幅(%)</th><th>温度(℃)</th><th>加载次数</th></tr>
<tr><td rowspan="5">剪切模量与阻尼</td><td>应变幅影响</td><td>0.5</td><td>5,10,20,50,100,150</td><td>23 ±2</td><td>3</td></tr>
<tr><td>频率影响</td><td>0.1,0.5,2</td><td>100</td><td>23 ±2</td><td>3</td></tr>
<tr><td>温度影响</td><td>0.5</td><td>100</td><td>40,23,0,－10,－20</td><td>3</td></tr>
<tr><td>热空气老化
70 ℃ ×14 d</td><td>0.5</td><td>100</td><td>23 ±2</td><td>前后各 3</td></tr>
<tr><td>反复循环次数</td><td>0.5</td><td>100</td><td>23 ±2</td><td>≥10</td></tr>
<tr><td rowspan="2">剪切黏结</td><td>老化前</td><td colspan="4" rowspan="2">试件长/厚≥10,最大应变,加载速率(10% ~100%)ε/s</td></tr>
<tr><td>老化
70 ℃ ×14d</td></tr>
</table>

续上表

试验项目		试验要求			
		加载频率(Hz)	应变幅(%)	温度(℃)	加载次数
低温结晶	结晶前	70 ℃ ×45 min 后,23 ℃ ×3 h 后,23 ℃,100% 应变,100% ε/min			
	结晶后	NR,40% ε× −25 ℃,按温度条件确定天数			
		CR,40% ε× −10 ℃,按温度条件确定天数			
裂缝增长(ISO34)		4 kN/m,24 h,裂缝扩展≤3 mm			

表 7−13　高阻尼橡胶支座和铅芯橡胶支座的型式测试要求

测　试	试验条件	型式测试要求	生产控制测试要求
压缩变形量	在无地震时的设计荷载 N_{Sd} 下,压 3 min	无缺陷;无加劲钢板剥离;裂缝宽度和深度小于 2 mm	N/A
压缩刚度	(33.3% ~ 100%) N_{Sd} 下的切线刚度	报告切线刚度数值	在型式测试数值的 ±30% 内,无缺陷
* 在周期变形下,水平特征值 K_b 和 ξ_b(或者 K_2 和 Q_d)	0.5 Hz(≥0.01 Hz);6 MPa 压力;100% 应变;23 ℃ ±5 ℃;3 次	报告应变的相关性。在设计的位移量 d_{bd} 下,应该在设计数值的 ±20% 以内	在要求数值的 ±20% 以内
* 单向分级加载时水平刚度值(如果生产控制测试中水平刚度和阻尼没有在剪切应变 d_{bd} 下进行测试时才要求)	0.5 Hz;5%,10%,20%,50%,100%,150% 应变;23 ℃ ±5 ℃;3 次	报告在设计位移 d_{bd} 下的数值	相应型式测试数值的 ±20% 以内

续上表

测　试	试验条件	型式测试要求	生产控制测试要求
水平特征值 K_b 和 ξ_b（或者 K_2 和 Q_d）随着频率的变化	0.1 Hz，0.5 Hz，2 Hz；100% 应变；23 ℃ ±5 ℃；3 次	报告变化量。最大的变化量 ±20%	N/A
* 水平特征值 K_b 和 ξ_b（或者 K_2 和 Q_d）随着温度的变化	0.5 Hz；100% 应变；(40 ±2，23 ±2，0 ±2，-10 ±2，-20 ±2)℃；3 次	报告变化量。最大的变化量为：在最高温度下为 23 ℃ 时的 ±20%；在最低温度下为 23 ℃时的 +80% 和 -20% 的限值内	N/A
重复性周期中水平特征值 K_b 和 ξ_b（或者 K_2 和 Q_d）的相关性	0.5 Hz；100% 应变；23 ℃ ±5 ℃；11 次	2～10 次循环中 K_b 和 ξ_b（或者 K_2 和 Q_d）最大与最小值之比 ≥0.7；1～10 次循环中 K_b（或者 K_2）最大与最小值之比 ≥0.6	N/A
* 在最大和最小载荷下的水平位移能力	在最大和最小载荷下，加载到 $\gamma_D d_{Ed}$，γ_d = 1.15	力 - 位移曲线增加至 $\gamma_D d_{Ed}$。无缺陷。裂缝宽度和深度小于 2 mm	N/A
热空气老化前后减震器水平特征值 K_b 和 ξ_b 的变化（K_2 仅 LRB 作为低阻尼的弹性材料）	70 ℃ ×14 d；0.5 Hz；100% 应变	变化量 ≤20%	N/A
* 在非地震垂向载荷 N_{Sd} 作用下的蠕变变形	测量 10 min 和 10^4 min下的蠕变变形	10^4 min 下的蠕变变形应该小于10 min下的蠕变变形的 20%	N/A

注：1. * 为选用测试，对承受小地震作用、低阻尼桥梁减震器，只需采用带 * 的测试。

2. N/A 表示不测试。

对于每种类型的铅芯橡胶支座，生产过程的质量控制检验的要求是和型式检验一致的，生产控制测试（参照表 7－13）的测试样件应该选取第一批生产的支座。随后生产的支座，随机抽取至少 20% 的支座进行生产控制测试。对于包含四个或者更少支座的结构，应该对结构中的每个支座进行测试，除非结构工程师同意不进行测试。

我国于2010 年由交通运输部组织编制《公路桥梁铅芯橡胶隔震支座》标准，现已完成报批稿。在该报批稿中对铅芯橡胶隔震支座的成品力学性能试验作了具体规定，要求进行竖向刚度试验、压缩变形量试验、剪应变为 175% 时的水平等效刚度及等效阻尼比试验、最大水平位移能力试验、力学相关稳定性能试验五项试验检验。

1. 竖向刚度试验

在 23 ℃ ±3 ℃条件下，从 1.5 MPa 加载到 6 MPa，然后将压应力卸至 1.5 MPa，连续加载 3 次，测量第三次加载 1.5 MPa 和 6 MPa的压缩量，按以下公式计算竖向刚度。

$$K'_{v} = (F_{6} - F_{1.5})/(\delta_{1} - \delta_{2})$$

式中 K'_{v}——试样实测值竖向刚度计算值，kN/mm；

F_{6}——压应力 6 MPa 时支座竖向力，kN；

$F_{1.5}$——压应力 1.5 MPa 时支座竖向力，kN；

δ_{1}——竖向荷载为 6 MPa 时的竖向位移，mm；

δ_{2}——竖向荷载为 1.5 MPa 时的竖向位移，mm。

2. 压缩变形量试验

在 23 ℃ ±3 ℃条件下，加载到设计竖向荷载，然后将压应力卸至 0.5 MPa，连续加载 3 次，测量第三次加载到设计载荷的竖向位移。

3. 剪应变为 175% 时的水平等效刚度及等效阻尼比试验

在 23 ℃ ±3 ℃条件下，加载到设计竖向荷载，以 0.05 Hz 的频率，在水平方向施加反复水平荷载 11 次，使支座产生橡胶总胶厚 ±175% 的水平位移。

支座水平等效刚度按以下公式计算：

$$K_{Bm'} = 1/10 \sum_{j=2}^{11} K_{Bj} \tag{1}$$

式中 $K_{Bm'}$——试样实测水平等效刚度计算值，kN/mm；

K_{Bj}——施加 11 个周期水平反复荷载中的第 j 个周期的铅芯隔震橡胶支座水平等效刚度，kN/mm。

$$K_{Bj} = (F(u_{Bej}) - F(-u_{Bej}))/2u_{Bej}$$

u_{Bej}——产生应变时的水平位移，mm；

$F(u_{Bej})$——铅芯隔震橡胶支座产生位移 u_{Bej} 时的水平力，kN。

等效阻尼比按以下公式计算：

$$h_{Bm}' = 1/10 \sum_{j=2}^{11} h_{Bj} \tag{2}$$

式中 h_{Bm}'——试样实测等效阻尼比计算值；

h_{Bj}——施加 11 个周期水平反复荷载中的第 j 个周期的支座等效阻尼比。

$$h_{Bj} = \Delta W_j / 2\pi W_j$$

ΔW_j——支座的耗能，即滞回曲线所包围的面积；

W_j——弹性应变能。

4. 最大水平位移能力试验

在 23 ℃ ±3 ℃条件下，施加 6 MPa 的竖向荷载后，施加水平力，使支座水平剪切变形不小于橡胶总厚的 300%，支座外观应无异常。

5. 力学相关稳定性能试验

(1)压力稳定性

在 23 ℃ ±3 ℃条件下，以 0.05 Hz 的频率、±175% 应变为正弦波振幅，分别在 3.0 N/mm^2，6.0 N/mm^2，9.0 N/mm^2，12.0 N/mm^2压力情况下对试件进行加载，每种压力条件下分别进行 11 次反复加载，取第 2 次至第 11 次的滞回曲线，计算水平等效刚度、等效阻尼比，取其平均值。但是在每种压力条件下的试验之间，试件需要放置 8 h。

(2)温度稳定性

首先对试件施加 6.0N/mm^2 竖向荷载并在实验过程中保持恒定，然后以 0.05 Hz 的频率、±175% 应变为振幅的正弦波，分别在温度 -10 ℃，0 ℃，10 ℃，23 ℃，40 ℃条件下对试件进行加载，每种温度条件下分别进行 11 次反复加载，取第 2 次至第 11 次的滞回曲线，按公式(1)和(2)计算水平等效刚度、等效阻尼系比，取其平均值。但是在每种温度条件下的试验之间，试件需要放置 8 h。

(3)频率稳定性

在 23 ℃ ±3 ℃条件下，首先对试件施加 6.0 N/mm^2 竖向荷载并在试验过程中保持恒定，然后以 ±175% 应变(或 ±100% 应变)为正弦波振幅，分别以 0.001 Hz，0.05 Hz，0.1 Hz，0.5 Hz 进行试验，每种频率分别进行 11 次反复加载，取第 2 次至第 11 次的滞回曲线，按公式(7)和(8)的方法计算水平等效刚度、等效阻尼比，取其平均值。但是在每种频率条件下的试验之间，试件需要放置 8 h。

(4)水平疲劳试验

在 23 ℃ ±3 ℃条件下，首先对试件施加 6.0N/mm^2 竖向荷载，并在试验过程中保持恒定，然后以 0.005 Hz 的频率、±70% 应变为振幅的正弦波，对试件进行 5 000 次反复加载。在未进行水平疲劳试验前和每完成 1 000 次反复加载时，按照水平等效刚度、等效阻尼比试验方法对试件进行试验，检测试件的等效水平刚度、等效阻尼比。但在每次完成水平等效刚度、等效阻尼比检测试验后，将试件静置 8 h，再进行下 1 000 次的反复加载。

对比我国标准与国外标准的区别，主要是国外试验对频率相关性和温度相关性的要求较高，国外对频率相关性的要求为0.1 Hz、0.5 Hz 和 2 Hz，而我国为 0.001 Hz、0.05 Hz、0.1 Hz 和 0.5 Hz。国外对温度相关性要求的试验温度为(40 ±2，20 ±2，0 ±2，-10 ±2，-20 ± 2)℃共五级，而我国为(40 ± 2，23 ± 2，10 ± 2，0 ±2，-10 ±2)℃，最低温度为 -10 ℃ ±2 ℃。此外，尽管我国标准对铅芯橡胶支座的各项性能测试要求作了详细规定，但其中大部分项目受试验能力所限无法测试，在很大程度上影响支座产品质量的控制，当务之急是各检测单位和生产制造隔震支座的厂家，应尽快制备相关的检测设备，以确保生产合格的铅芯橡胶支座。

第五节　铅芯橡胶支座的减震、隔震分析

为了比较铅芯橡胶支座、板式橡胶支座和钢支座的减震、隔震效果，铁道科学研究院对采用上述 3 种支座的铁路简支梁桥和连续梁桥进行了简化模拟分析，地震波均采用 EL Centro 波型输入。三跨简支梁桥桥长 32 m，墩高 20 m，在 EL Centro 地震波作用下，3 种支座的 1#墩各项响应峰值见表 7－14，1#墩墩顶相对位移时程曲线如图 7－3 所示。五跨连续梁桥为 40 m＋3×72 m＋40 m，1#墩和 4#墩墩高 15 m，2#墩和 3#墩墩高 17.5 m，分别采用钢支座和铅芯橡胶支座。在 EL Centro 地震波作用下，各墩地震响应峰值见表 7－15，2#墩墩顶位移时程曲线如图 7－4 所示[17]。

表 7－14　1#墩各项地震响应峰值

支座类别	钢支座	板式橡胶支座	铅芯橡胶支座
墩顶位移峰值(cm)	2.20	1.40	0.70
墩底应力峰值(MPa)	10.70	7.22	3.83
墩底剪应力峰值(MPa)	2.04	1.41	0.79

表 7－15　连续梁桥各墩地震响应峰值

支座类别		钢支座	铅芯橡胶支座
1#墩	墩顶位移(mm)	0.86	0.36
	墩底正应力(MPa)	6.36	2.70
	墩底剪应力(MPa)	1.20	0.54
2#墩	墩顶位移(mm)	1.68	0.46
	墩底正应力(MPa)	11.01	3.05
	墩底剪应力(MPa)	2.07	0.61
3#墩	墩顶位移(mm)	1.21	0.46
	墩底正应力(MPa)	7.60	3.05
	墩底剪应力(MPa)	1.42	0.60

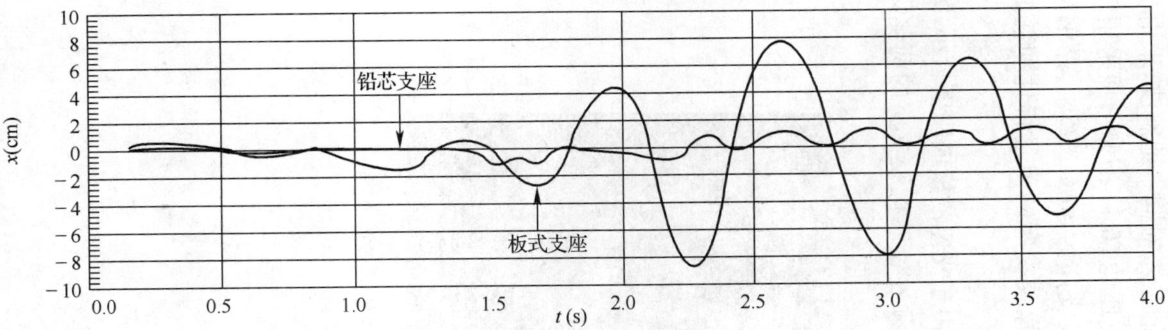

图 7－3　1#墩墩顶相对位移时程曲线

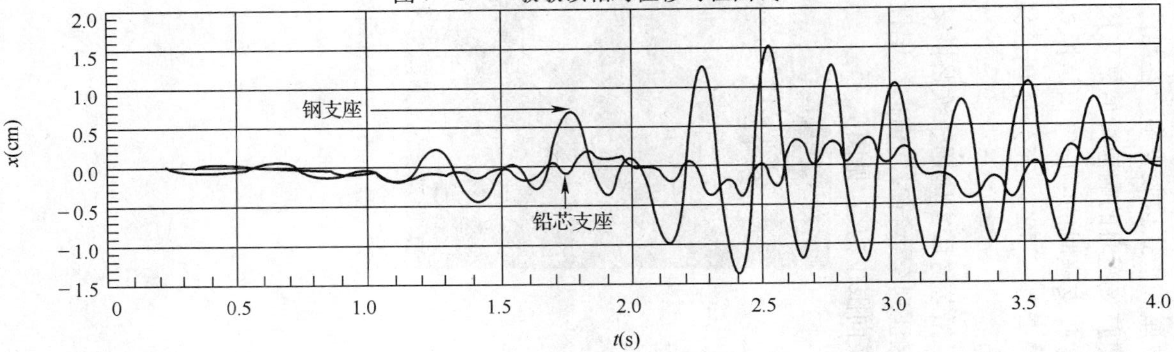

图 7－4　连续梁 2#墩墩顶位移时程曲线

以上分析表明,铅芯橡胶支座对于桥梁的减震作用明显优于钢支座和板式橡胶支座。在相同的前提下,对同一地震波,采用板式橡胶支座时的响应峰值是采用钢支座的50% ~75%,而采用铅芯橡胶支座时的响应峰值是板式橡胶支座的50% ~75%,是钢支座的25% ~50%,充分体现了铅芯橡胶支座的阻尼特性和耗能能力。

铅芯橡胶支座用于铁路桥梁时,由于支座的横向刚度较小,为了保证列车运行时的横向稳定性,必须在铅芯橡胶支座的两侧设置横向限位构造,见图7-5。

图7-5　设置横向限位的铅芯橡胶支座

第八章　高阻尼橡胶支座

第一节　概　　述

目前,国内外大量采用铅芯橡胶支座作为隔震装置。但是试验研究表明,铅芯橡胶支座的橡胶在低温条件下存在硬化现象,在温度和交通荷载(低周疲劳)作用下支座中的铅芯会发生疲劳剪切破坏,使支座的阻尼性能大幅下降。有试验表明 5 000 次水平小位移低周反复加载后,铅芯橡胶支座的阻尼约下降 25%。同时支座在生产和使用过程中,铅将对环境造成无法弥补的污染。因此,近年来日本、美国、西欧等国研究采用高阻尼橡胶制造支座,用于减震、隔震支座,称之为高阻尼橡胶支座,其阻尼比也可以做到 0. 15 左右。

高阻尼橡胶支座由上下连接钢板、高阻尼橡胶板和加劲钢板组成,其结构形式和普通板式橡胶支座相同。其中连接钢板用于和梁体及墩台连接。

高阻尼橡胶支座用橡胶材料的性能要求见表 8 - 1。

高阻尼橡胶的化学成分通常采用天然橡胶,其聚合物的含量在 40% 以上,补强剂采用优质碳黑和白碳黑,其含量在 10% ~ 45%,补强剂以外的灰分含量为 10% 以下。

表 8 - 1　高阻尼橡胶支座用橡胶的物理机械性能

项　目	单位	高阻尼橡胶		
剪切弹性模量 G	MPa	0. 6	1. 0	1. 2
伸长率	%	650 以上	600 以上	550 以上
拉伸强度	MPa	10 以上	10 以上	11 以上
25% 伸长应力变化率	%	- 10 ~ + 100(70 ℃ × 70 h)		

续上表

项　目	单位	高阻尼橡胶
伸长率变化率	%	−50 以上(70 ℃×70 h)
压缩永久变形率	%	60 以下(70 ℃×22 h)
耐臭氧老化		肉眼观察无龟裂((40±2) ℃×96 h)
耐水性	%	10 以下(蒸馏水(50±2) ℃,72 h)
耐寒性		脆性温度 −30 ℃以下(寒冷地区 −40 ℃以下)

高阻尼橡胶支座应具备以下几个特点：

(1)高阻尼橡胶支座作为隔震支座,必须具备承载能力、恢复力和阻尼(吸收能量)三位一体的功能；

(2)高阻尼橡胶支座的滞回特性(荷载－变形曲线)饱满,对风振和对大、中、小地震都能发挥隔震效果；

(3)高阻尼橡胶支座本身发挥了隔震功能,不需要再配置其他装置,因此维修管理成本低；

(4)高阻尼橡胶支座在大地震后,也不会产生残余变形,而且特性变化很小,无需更换；

(5)高阻尼橡胶支座的弹性性能和阻尼特性对温度的依赖性很小,适用于广泛的领域；

(6)高阻尼橡胶支座的蠕变特性良好(采用了新开发的天然橡胶)；

(7)高阻尼橡胶支座的表面被覆三元乙丙橡胶,保护内部橡胶不受臭氧、紫外光等的影响,具有更好的耐老化性能。

高阻尼橡胶支座的弹性刚度(等效刚度)依赖于变形大小,变形小时刚度大,变形大时刚度小,呈非线性状态。对于风荷载,高的初期刚度能取得制动功能。对于地震,因为大变形时刚度小,可以得到良好的隔震效果。而且,对于过大的变形,会引起橡胶硬化现象,使橡胶刚度增加,可以期望能有控制上部结构的过大变位的效果。

高阻尼橡胶支座主要是通过改进橡胶配方,使橡胶本身材料的阻尼增加，从而使支座的阻尼比可以达到 15% ~ 18%。欧标 EN15129—2009 将高阻尼橡胶支座按阻尼比大小区分为两挡：HDRB Ⅰ阻尼比 10% 和 HDRB Ⅱ阻尼比 15%。

第二节　高阻尼橡胶支座设计基本参数

高阻尼橡胶支座的设计方法主要参考日本 2004 年的《道路桥支承便览》标准[14]。

1. 高阻尼橡胶支座设计的基本参数

(1) 垂直反力，恒载反力。

(2) 水平力，正常使用下的水平力。

(3) 设计位移；正常使用下的水平位移，地震时控制的极限位移。

(4) 设计转角。

2. 高阻尼橡胶支座的构造要求

(1) 橡胶面积 A_r

$$A_r = A_g$$

式中　A_g——加劲钢板面积（扣除保护层橡胶）。

屈服后刚度 K_2

$$K_2 = K_r = G_r \times A_r / e$$

(2) 橡胶容许压应力 $[\sigma_r]$

$$S_1 < 8 \qquad [\sigma_r] \leqslant 8\ \text{MPa};$$

$$8 \leqslant S_1 < 12 \qquad [\sigma_r] \leqslant S_1;$$

$$12 \leqslant S_1 \qquad [\sigma_r] = 12\ \text{MPa}。$$

3. 高阻尼橡胶支座的双线性模型

(1) 支座的等价剪切刚度 K_B

$$K_B = \frac{G(\gamma) A_r}{\sum t_e}$$

式中　A_r——橡胶面积，为加劲钢板面积（扣除保护层橡胶）；

$\sum t_e$——支座橡胶总厚；

$G(\gamma)$——高阻尼橡胶支座的剪切模量(MPa)。

$$G(\gamma)=a_0+a_1\gamma+a_2\gamma^2+a_3\gamma^3+a_4\gamma^4$$

a 系数见表 8－2。

表 8－2 系数 a

		a_0	a_1	a_2	a_3	a_4
$G(8)$	平时	1.348 4	－1.733 8	1.039 2		
	地震时	2.368 6	－2.737 6	1.735 9	－0.473 43	0.048 832
$G(10)$	平时	1.400 0	－1.593 9	1.003 8		
	地震时	2.960 7	－3.422 0	2.169 9	－0.591 79	0.061 028
$G(12)$	平时	1.451 6	－1.453 9	0.968 41		
	地震时	3.552 8	－4.106 4	2.603 9	－0.710 15	0.073 234

(2)高阻尼橡胶支座的等效阻尼比 h_B

$$h_B(\gamma_e)=b_0+b_1\gamma_e+b_2\gamma_e^2。$$

b 系数见表 8－3。

表 8－3 系数 b

	b_0	b_1	b_2
$G(8)$	0.216 15	－0.047 991	0.0 045 171
$G(10)$	0.208 44	－0.041 555	0.0 020 510
$G(12)$	0.202 20	－0.035 411	0.0 004 006

$$K_1=G_1\cdot\frac{A_e}{\Sigma t_e}$$

$$K_2=G_2\cdot\frac{A_e}{\Sigma t_e}$$

$$Q_d=\tau_d\cdot A_e$$

$$Q_y=\tau_y\cdot A_e$$

$$G_1(\gamma)=c_0+c_1\gamma+c_2\gamma^2+c_3\gamma^3+c_4\gamma^4$$

$$G_2(\gamma)=d_0+d_1\gamma+d_2\gamma^2+d_3\gamma^3+d_4\gamma^4$$

$$\tau_d(\gamma)=\gamma\cdot(G(\gamma)-G_2(\gamma))$$

$$\tau_{y}(\gamma)=\frac{G_{1}(\gamma)}{G_{1}(\gamma)-G_{2}(\gamma)}\cdot\tau_{d}(\gamma)$$

$$\tau=G(\gamma)\cdot\gamma$$

式中 K_1——一次刚度(N/mm)；

K_2——二次刚度(N/mm)；

Q_d——屈服荷载(N)；

Q_y——屈服力(N)；

G_1——一次刚度相关的弹性模量(MPa)，与剪应变 γ 相关的系数见表 8-4；

G_2——二次刚度相关的弹性模量(MPa)，与剪应变 γ 相关的系数见表 8-5；

$G(\gamma)$——最大剪应变时的剪切模量(MPa)；

γ——橡胶剪应变；

ζ_d——剪应变为零时的剪切应力(MPa)；

ζ_y——屈服应力(MPa)；

ζ——等效剪切应力(MPa)。

表 8-4　$G_1(\gamma)$ 的系数 c

	c_0	c_1	c_2	c_3	c_4
$G(8)$	13.606	−14.281	8.729 4	−2.179 7	0.203 76
$G(10)$	17.373	−18.491	11.387	−2.878 5	0.274 79
$G(12)$	21.202	−22.842	14.156	−3.614 2	0.350 88

表 8-5　$G_2(\gamma)$ 的系数 d

	d_0	d_1	d_2	d_3	d_4
$G(8)$	1.510 4	−1.585 4	0.969 21	−0.242 07	0.022 640
$G(10)$	1.929 5	−2.054 8	1.266 0	−0.320 21	0.030 587
$G(12)$	2.354 8	−2.538 9	1.574 4	−0.402 24	0.039 077

从以上计算公式分析可见，高阻尼橡胶支座的水平等效刚度和等效阻尼比只与支座橡胶的性能和支座的剪应变大小相关，当支座橡胶的配方确定后，支座的阻尼比特性就是确定的，要改变支

座的阻尼特性，只有通过调整支座配方来实现，而不像铅芯橡胶支座可以通过调整铅芯面积来实现。

应该指出，高阻尼橡胶隔震支座的各项性能参数受橡胶配方的影响很大，配方不同，支座阻尼比的大小可以出入很大。目前我国交通运输部正在编制《桥梁高阻尼橡胶隔震支座》标准，参与标准编制的各个生产厂家的支座性能都不完全一致。因此，在使用高阻尼橡胶隔震支座时，必须对支座的实际性能进行认真的检验，以符合桥梁减震、隔震设计要求。

第三节　高阻尼隔震橡胶支座设计实例

下面以日本某建筑支座的实例来说明高阻尼隔震橡胶支座的设计方法[15]。

1. 支座设计条件

(1)长期垂直荷载 $W = 5\ 000$ kN(用于决定支座的外形尺寸)。

(2)短期垂直荷载 $W_{max} = 10\ 000$ kN(地震是由建筑物振动产生支座的最大轴向荷载，主要用于检算支座的极限变形量和屈曲稳定性)。

(3)水平固有周期 $T_h = 3.10$ s(设计变形量时)。

(4)垂直固有周期 $T_v = 0.076$ s($F_v \geqslant 13$ Hz)。

(5)按水准Ⅱ地震时的变形量 $L_2 = 320$ mm。

(6)按余裕度水准地震时的变形值 $L_3 = 400$ mm。

(7)设计变形量 $X_d = 160$ mm(用于决定支座的剪切刚度系数、阻尼比、剪切变形量等。在进行设计前必须假定设计变形量，该变形量随结构物的设计条件而不同，一般取 100 ~ 200 mm)。

支座的垂直刚度和水平刚度系数按下式计算：

垂直刚度系数：$K_v = \dfrac{A \times E_c}{n \times t_r}$

水平刚度系数：$K_H = \dfrac{A \times G}{n \times t_r}$

式中　A——支座截面积；

$n \times t_r$——总橡胶层厚度；

E_c——考虑支座橡胶体积弹性系数的竖向弹性系数。

$$\frac{1}{E_c} = \frac{1}{E_{ap}} + \frac{1}{E_\infty}$$

$$E_{ap} = \frac{E_0}{D_0}(1 + 2KS_1^2)$$

$$S_1 = \frac{D_0 - D_i}{4 \times t_r}$$

式中　E_{ap}——支座橡胶的表观弹性模量；

E_∞——橡胶的体积模量；

S_1——一次形状系数；

D_0——橡胶外径；

D_i——橡胶内径；

E_0——橡胶的竖向弹性模量；

K——硬度修正系数。

2. 目标弹性系数的确定

根据设计条件求出水平刚度系数 K_H 和垂直刚度系数 K_V：

$$K_H = \frac{W}{g}\left(\frac{2\pi}{T_H}\right)^2 = \frac{5\ 000 \times 1\ 000}{9\ 800}\left(\frac{2\pi}{3.1}\right)^2 = 2\ 095.9\ \text{N/mm},$$

$$K_V = \frac{W}{g}\left(\frac{2\pi}{T_V}\right)^2 = \frac{5\ 000 \times 1\ 000}{9\ 800}\left(\frac{2\pi}{0.076}\right)^2 = 3\ 487.2\ \text{kN/mm}。$$

3. 橡胶材料的选定

高阻尼橡胶材料由于配比的不同，对破坏强度、压应力和刚度的影响以及阻尼、徐变性能都不同，因此应由支座制造厂按设计要求进行调整，以满足设计要求。以下以日本 2004 年的《道路桥支承便览》标准的材料系数为例进行分析。

$G_{eq}(\gamma)$：等效剪切弹性模量是与剪切变形量 γ 相关的系数。

它的特性在初次受力和大变形后会有所改变，在设计时应取初次加载之值和以后多次加载之值的平均值求得。此外高阻尼橡胶的性质与加载速度有关，通常加载频率按0.5 Hz求得，按日本2004年的《道路桥支承便览》，当 $G=0.8$ MPa，$\gamma=1.0$ 时，$G_{eq}(\gamma)=1.3484-1.7338\gamma+1.0392\gamma^2$。

$H_{eq}(\gamma)$：等效阻尼比随橡胶的剪切变形量而变化。当 $G=0.8$ MPa时，$H_{eq}=0.21615-0.047991\gamma+0.0045171\gamma^2$；

$E_0=2.7$ MPa；

$E_\infty=2000$ MPa；

$k=1.0$。

4. 剪切变形的设定

在水准Ⅱ的地震变形量时，橡胶应在线性范围内，一般情况下橡胶的剪切变形为 $\gamma_L=200\%$ 时，大多处于线性范围。设定在水准2的地震变形量 $\gamma_2=320$ mm 时，橡胶的剪切变形为$\gamma_L=200\%$。

5. 橡胶总厚度的计算

$$n\times t_r=\frac{l_2}{\gamma_1}=\frac{320}{2}=160\ \text{mm}。$$

6. 设计剪切变形量的计算

$$\gamma_d=\frac{X_d}{nt_r}=\frac{160}{160}=1.0。$$

$G_{eq}(\gamma)=1.3484-1.7338\times1.0+1.0392\times1.0^2=0.6538$。

7. 橡胶面积的计算

$$A=\frac{K_H\times n\times t_r}{G_{eq}}=\frac{2095.9\times160}{0.6538}=525617.55\ \text{mm}^2,$$

橡胶的外径 D_0，由橡胶面积 A_r 和中心孔直径 D_i 求得，设$D_i=40$ mm。

$$D_0=\sqrt{\left(\frac{4A}{\pi}+D_i^2\right)}=\sqrt{\left(\frac{4\times525617.5}{\pi}+40^2\right)}=819.045\ \text{mm},$$

取 $D_0=830$ mm。

橡胶有效承压面积 A_r：

$A_r = \frac{\pi}{4}(830^2 - 40^2) = 539\ 805.4\ mm^2$。

8. 橡胶平面压应力的计算

恒载下压应力 $\sigma = W/A = 5\ 000\ 000/539\ 805.4 = 9.26$ MPa，

最大荷载下的应力 $\sigma_{max} = W_{max}/A = 10\ 000\ 000/539\ 805.4 = 18.53$ MPa。

9. 二次形状系数 S_2

由橡胶总厚除以外径求得：

$S_2 = \frac{D_o}{n \cdot t_r} = \frac{810}{160} = 5.06$，其中 810 mm 为加劲钢板外径。

10. 屈服及极限变形的检算

屈服是由于二次形状系数和正压力作用而产生剪切破坏。通常支座二次形状系数大于 5，正应力在 20 MPa 时，不会发生屈服。一般以屈服极限作为破坏限界，用变形量的安全系数来判定屈服极限。考虑支座的极限破坏变形 $\gamma_b = 400\%$，变形量的安全系数取 2。本例中二次形状系数为 $5.06 > 5$，满足要求，支座最大压应力为 18.53 MPa < 20 MPa，不会发生剪切屈服。

11. 单层橡胶厚度 t_r 和一次形状系数 S_1 的计算

$$E_c = \frac{K_V \times n \times t_r}{A} = \frac{3\ 487.2 \times 1\ 000 \times 160}{539\ 805.4} = 1\ 033.62\ \text{MPa},$$

$$E_{ap} = \frac{E_c \times E_\infty}{E_\infty - E_c} = \frac{1\ 033.62 \times 2\ 000}{2\ 000 - 1\ 033.62} = 2\ 139.2\ \text{MPa},$$

$$S_1 = \sqrt{\frac{E_{ap}/E_0 - 1}{2k}} = \sqrt{\frac{2\ 139.2/2.7 - 1}{2 \times 1}} = 19.9。$$

由目标垂直刚度系数 K_v 的要求，可以由公式求得一次形状系数 $S_1 = 19.9$。通常要求支座的一次形状系数在 25 以上，取 $S_1 = 25$。

则 $t_r = \frac{(D_0 - D_i)}{4S_1} = \frac{810 - 40}{4 \times 25} = 7.7$ mm，取 $t_r = 8$ mm。

橡胶层数 $n = 18$。

12. 水平及垂直刚度系数的检算

$D_0 = 810$ mm, $D_i = 40$ mm, $A_r = 539\ 805.4\ \text{mm}^2$, $t_r = 8$ mm, $n = 20$, $n \times t_r = 160$ mm, $E_o = 2.7$ MPa, $E_\infty = 2\ 000$ MPa, $K = 1.0$, $G_{eq} = 0.653\ 8$ MPa ($\gamma = 100\%$), $S_1 = 19.9$。

水平刚度系数 K_{eq}。

$K_{eq} = \dfrac{A \times G_{eq}}{n \times t_r} = \dfrac{539\ 805.4 \times 0.653\ 8}{20 \times 8} = 2\ 205.78$ N/mm，与 2 095.9 N/mm的偏差为 +5.24%，满足要求。

$E_{ap} = E_0(1 + 2kS_1^2) = 2.7 \times (1 + 2 \times 1 \times 19.9^2) = 2\ 141.15$ MPa，

$E_c = \dfrac{E_\infty \times E_{ap}}{E_\infty + E_{ap}} = \dfrac{2\ 000 \times 2\ 141.15}{2\ 000 + 2\ 141.15} = 1\ 034.08$ MPa，

$K_v = \dfrac{A \times E_c}{n \times t_r} = \dfrac{539\ 805.4 \times 1\ 034.08}{20 \times 8} = 3\ 488.76$ kN/mm，与设计目标值 3 487.2 N/mm 的偏差仅为 +0.04%，满足要求。

13. 容许变形量的检算

橡胶总厚 160 mm。水准 2 地震时变形 320 mm，$\gamma_2 = 320/160 = 200\%$。余裕度水准变形量 400 mm，$\gamma_3 = 400/160 = 250\% < 400\%$，安全系数达 1.60。

14. 等效阻尼比 H_{eq}

以 $\gamma = 1.0$ 代入得：$H_{eq} = 0.21\ 615 - 0.047\ 991 \times 1.0 + 0.004\ 517\ 1 \times 1.0^2 = 0.173$。

本例说明了高阻尼橡胶隔震支座的设计过程，先确定设计目标值（长期垂直荷载、短期垂直荷载、水平固有周期、垂直固有周期、按水准Ⅱ地震时的变形量、按余裕度水准地震时的变形值、设计变形量）。随后由设计目标值计算出水平刚度系数 K_H 和垂直刚度系数 K_v，根据设计变形量可以计算出支座橡胶的总厚度，再由水平刚度系数 K_H 和橡胶厚度求得支座橡胶的面积。最后进行支座的第一和第二形状系数、压曲稳定性以及各项设计目标值的检算。必要时对支座的参数进行调整。

在桥梁隔震支座的设计中，也可以先确定垂直荷载、水平固有周期的目标值（确定水平等效刚度）和设计变性量等，初步选定支座尺寸,然后确定该支座的双线性模型的各项参数,采用时程分析方法进行桥梁的抗震分析,再根据分析结果,对高阻尼橡胶隔震支座的设计参数进行修正,以最终确定支座的尺寸。

第四节　高阻尼橡胶支座的基本性能要求[18,6]

2010 年我国交通运输部开始着手编制《公路桥梁高阻尼橡胶隔震支座》标准,该标准草案对高阻尼橡胶支座的主要性能指标要求如下。

支座的设计要求、设计参数及验算方法按《橡胶支座　第二部分:桥梁隔震橡胶支座》(GB 20688.2—2005)和《公路桥梁抗震设计细则》(JTG/T B02—01)规定执行。支座设计承载力、防滑移水平力、支座剪切位移满足支座图纸要求,其他性能指标应满足表 8-6 的要求。

表 8-6　高阻尼隔震橡胶支座的性能要求

项　目	单　位	性能要求	
设计压应力 σ_0	MPa	$S_1 \leqslant 8$	8
		$8 < S_1 < 12$	S_1
		$12 \leqslant S_1$	12
设计拉应力 σ_t	MPa	卡榫结构(不考虑地震作用)	0
		$G = 0.8$(考虑地震作用)	1.6
		$G \geqslant 1.0$(考虑地震作用)	2.0
反复加载试验时支座的剪应变 γ_s	%	100,150,175	
容许剪应变 γ_e	%	150,200,250	
极限剪应变 γ_u	%	250,300,350	
等效阻尼比 ξ	%	12,15,17(±10%)	
温度适用范围	℃	-40 ℃ ~ +60 ℃(天然橡胶); -25 ℃ ~ +60 ℃(其他橡胶)	

注:1. 支座水平剪切性能(容许剪应变、极限剪应变)分 3 级,适用于不同的结构形式。反复加载试验时,支座的剪应变与支座的水平剪切性能分别对应。
2. 支座等效阻尼比分 3 级,应在反复加载试验时支座的剪应变(γ_s)下测试计算,适用于不同水平性能和结构形式。

1. 支座的基本力学性能

支座必须在满足以下相关稳定性要求下，支座的水平等效刚度和等效阻尼比的变化率在 ±15% 以内。

(1)剪应变相关稳定性

高阻尼隔震橡胶支座在 $0.5\gamma_0$、$1.0\gamma_0$、$1.5\gamma_0$ 的剪应变下，支座的水平等效刚度和等效阻尼比的变化率满足要求。

(2)压应力相关稳定性

高阻尼隔震橡胶支座在 3 MPa、6 MPa、9 MPa、12 MPa 的压应力下，支座的水平等效刚度和等效阻尼比的变化率满足要求。

(3)频率相关稳定性

高阻尼隔震橡胶支座在剪切性能加载频率为 0.1 Hz、0.5 Hz、1.0 Hz、2.0 Hz 时，支座的水平等效刚度和等效阻尼比的变化率满足要求。

(4)疲劳相关稳定性

高阻尼隔震橡胶支座在剪切性能反复加载 100 次时，测定的第 1、5、10、20、30、50、70、90 和 100 次循环的支座水平等效刚度和等效阻尼比的变化率满足要求。

(5)温度相关稳定性

测试温度小于 23 ℃时，支座的水平等效刚度和等效阻尼比与 23 ℃测试值的变化率在 +80% ~ -20% 以内；测试温度大于等于 23 ℃时，支座的水平等效刚度和等效阻尼比与 23 ℃测试值的变化率在 ±20% 以内。

2. 支座的极限性能

(1)支座在设计压力作用下产生剪切位移，发生破坏、屈曲或翻滚时的剪应变应大于极限剪应变 γ_u(250%、300% 或 350%)的规定。当剪应变超过上述要求时以实测值为最大位移值。

(2)支座的竖向压力应满足设计压应力 12 MPa 和最小压应力6 MPa的要求。

(3)对于可承受拉力支座，应在容许剪应变 γ_e 下，支座不发生拉剪破坏。

3. 支座的耐久性能

老化性能:水平等效刚度和阻尼性能允许变化率为 ±30%。

徐变性能:60 年后的徐变应变不超过 10%。

疲劳性能:水平等效刚度允许变化率为 ±15%,试件外观无裂缝。

支座用橡胶材料的物理机械性能如下。

(1)支座用高阻尼橡胶材料的常规物理机械性能应符合表 8-7 中的相关要求。

表 8-7　橡胶材料常规物理机械性能

<table>
<tr><th>性　能</th><th>试验项目</th><th>试验方法</th><th colspan="2">要　求</th></tr>
<tr><td rowspan="5">拉伸性能</td><td>拉伸强度(MPa)</td><td rowspan="5">GB/T 528</td><td colspan="2">≥ 10</td></tr>
<tr><td rowspan="4">扯断伸长率(%)</td><td>G = 0.64</td><td>≥ 650</td></tr>
<tr><td>G = 0.80</td><td>≥ 600</td></tr>
<tr><td>G = 1.06</td><td>≥ 550</td></tr>
<tr><td>G = 1.20</td><td>≥ 500</td></tr>
<tr><td rowspan="2">热空气老化性能①
70 ℃ ×168 h</td><td>拉伸强度变化率(%)</td><td rowspan="2">GB/T 3512
GB/T 528</td><td colspan="2">±25</td></tr>
<tr><td>扯断伸长变化率(%)</td><td colspan="2">≤ -50</td></tr>
<tr><td>硬度</td><td>硬度(IRHD)</td><td>GB/T 6031</td><td colspan="2">只作为质量控制指标</td></tr>
<tr><td rowspan="2">黏合性能</td><td>橡胶与金属粘接强度(N/mm)</td><td rowspan="2">GB/T 7760</td><td colspan="2">≥ 7.0</td></tr>
<tr><td>破坏类型</td><td colspan="2">橡胶破坏</td></tr>
<tr><td>压缩永久变形①</td><td>压缩永久变形(70 ℃ ×24 小时,压缩率为 25%),(%)</td><td>GB/T 7759</td><td colspan="2">≤60</td></tr>
<tr><td rowspan="2">剪切性能</td><td>剪切模量(MPa)</td><td rowspan="2">GB/T 9870.1</td><td colspan="2">0.64,0.8,1.06,1.2</td></tr>
<tr><td>等效阻尼比(%)</td><td colspan="2">≥10,≥12,≥15</td></tr>
<tr><td>臭氧老化性能①②</td><td>性能变化率(50 pphm,30%,40 ℃ ×96 h)</td><td>GB/T 7762</td><td colspan="2">不龟裂</td></tr>
</table>

注:① 所示性能测试项目频率为每半年 1 次。

② 臭氧老化性能仅针对保护层橡胶测试项目。

(2)型式检验中高阻尼橡胶材料的物理机械性能应符合表

8－8中的相关要求。

表8－8　型式检验中高阻尼橡胶材料物理机械性能要求

性　能	试验项目	试验方法	要　求
拉伸性能	100%拉应变时的定伸应力(MPa)	GB/T 528	只作为质量控制指标
热空气老化性能(70 ℃×168 h)	100%拉应变时的定伸应力变化率(%)	GB/T 3512 GB/T 528	≤25
剪切性能	剪切模量和等效阻尼比的温度相关性(%)	GB/T 9870.1	≤20
脆性性能	脆性温度(℃)	GB/T 1682	≤－50
低温结晶性能	硬度变化率(－40 ℃时)(%)	GB/T 12832	≤20

第五节　高阻尼橡胶支座的性能检验[6,18－22]

根据《公路桥梁高阻尼橡胶隔震支座》标准送审稿，高阻尼橡胶支座的性能检验包括橡胶材料性能检验和支座成品力学性能检验。

支座用橡胶材料的试验用样品应符合GB/T 20688.1和GB 20688.2中相关要求。

橡胶材料的试验方法应按GB/T 20688.1和GB 20688.2标准规定的方法执行。

支座橡胶的黏结性能试验应按GB/T 7760中规定的方法执行。

《公路桥梁高阻尼橡胶隔震支座》标准送审稿对成品力学的性能试验要求如下：

1. 支座的竖向刚度试验

成品支座的竖向刚度应采用GB/T 20688.1—2007的试验方法在下列条件下进行：

试验温度：23 ℃±3 ℃。

加载方法:按 GB/T 20688.1—2007 中的方法 1 加载。

加载应力:从 1.5 MPa 加载到 6 MPa。

2. 支座的压缩变形试验

成品支座的压缩变形应采用 GB/T 20688.1—2007 中的试验方法在下列条件下进行:

试验温度:23 ℃ ±3 ℃。

加载方法:按 GB/T 20688.1—2007 中的方法 1 加载。

加载应力:从 0.5 MPa 加载到设计压应力 12 MPa。

压缩变形量应取第 3 个循环从 1.5 MPa 加载到设计压应力 12 MPa 的竖向变形值。

3. 支座的水平等效刚度试验

成品支座的水平等效刚度应采用 GB/T 20688.1—2007 中的试验方法在下列条件下进行:

试验温度:23 ℃ ±3 ℃。

加载方法:按 GB/T 20688.1—2007 中的方法作 11 次循环加载。

加载应力:竖向加载应力为 6 MPa。

水平加载应变:分别按 100%,150%,175% 分 3 级,对支座水平性能进行加载。

加载频率:循环剪切位移测试频率采用 0.5 Hz。

水平等效刚度取第 2 ~ 10 次循环的测试平均值按 GB/T 20688.1—2007 中公式计算。

4. 支座的等效阻尼比试验

成品支座的水平等效刚度应采用 GB/T 20688.1—2007 中的试验方法在下列条件下进行:

试验温度:23 ℃ ±3 ℃。

加载方法:按 GB/T 20688.1—2007 中的方法作 11 次循环加载。

加载应力:竖向加载应力为 6 MPa。

水平加载应变:分别按支座剪应变 100%,150%,175% 分 3 级,对支座水平性能进行加载。

加载频率:循环剪切位移测试频率采用0.5 Hz。

水平等效刚度取第2~10次循环的测试平均值按GB/T 20688.1—2007中公式计算。

注:等效阻尼比试验可与水平等效刚度试验合并测试。

5. 支座的大变形剪切试验

在23 ℃±3 ℃条件下,竖向施加6 MPa压应力后,按支座容许剪应变150%、200%和250%,循环加载水平位移,加载到相应支座容许剪应变后,保持荷载时间不得低于2 min,循环剪切位移测试频率采用0.5 Hz,循环次数不得低于11次,支座外观应无异常或损伤。

6. 支座的拉伸性能试验

对试件施加竖向拉应力2 MPa,支座外观应无异常或损伤。

7. 支座的力学相关稳定性试验

(1)剪应变稳定性

在23 ℃±3 ℃条件下,竖向施加6 MPa压应力后,按支座设计剪应变($\gamma_0=100\%$)的$0.5\gamma_0$、$1.0\gamma_0$、$1.5\gamma_0$的剪应变下递增施加水平位移,循环剪切位移测试频率采用0.5 Hz,采用GB/T 20688.1—2007中的试验方法测试支座的水平等效刚度和等效阻尼比的变化率。

(2)压应变稳定性

在23 ℃±3 ℃条件下,分别按剪应变100%,150%,175%分3级对支座加载,竖向力按3 MPa、6 MPa、9 MPa、12 MPa施加压应力,循环剪切位移测试频率采用0.5 Hz,采用GB/T 20688.1—2007中的试验方法,循环加载次数为3次,取第3次测试值计算,测试支座的水平等效刚度和等效阻尼比的变化率。每种应力测试间隔时间至少8 h。

(3)频率稳定性

在23 ℃±3 ℃条件下,竖向施加6 MPa压应力,分别按剪应变100%,150%,175%分3级对支座加载,循环剪切位移加载频率按0.1 Hz,0.5 Hz,1.0 Hz,2.0 Hz施加,采用GB/T 20688.1—

2007 中的试验方法，循环加载次数为 3 次，取第 3 次测试值计算，测试支座的水平等效刚度和等效阻尼比的变化率。每种频率测试间隔时间至少 8 h。

(4)水平疲劳稳定性

在 23 ℃ ±3 ℃条件下，竖向施加 6 MPa 压应力，按 100% 的剪切应变施加水平位移，循环剪切位移测试频率采用 0.5 Hz(或不低于 0.01 Hz)，采用 GB/T 20688.1—2007 中的试验方法，循环加载次数为 5 000 次，每 1 000 次取最后一个循环剪切计算，测试值为 5 次计算值的平均值，测试支座的水平等效刚度和等效阻尼比的变化率。每 1 000 次之间测试间隔时间至少 8 h。

(5)温度稳定性

以测试基准温度为 23 ℃ ±3 ℃时，支座水平等效刚度和等效阻尼比为基准测试值(应满足表 8 -6 要求)。测定温度对剪切性能的相关影响时，支座水平等效刚度和等效阻尼比在试验测试温度下与基准温度下的测试值的变化率应满足表 8 -9 的规定。

表 8 -9　温度相关稳定性测试温度下的性能要求

项　目	单位	测试温度值(±3 ℃)					
温　度	℃	-40*	-20	-10	0	+23	+40
变化率	%	-20 ~ +100	-20 ~ +80	-20 ~ +50	-20 ~ +35	基准值	±20

注：* 所示项目为支座使用在极寒地区(累年最冷月平均温度的平均值低于 -30 ℃)时应测试项目。

8. 支座的极限性能试验

在 23 ℃ ±3 ℃条件下，竖向施加 6 MPa 压应力，循环剪切位移测试频率采用 0.5 Hz，采用 GB/T 20688.1—2007 中的试验方法测试，水平施加剪应变应不低于极限剪应变 250%、300% 和 350% 的要求，循环加载次数为 3 次。

9. 支座的耐久性能试验

(1)老化性能试验按 GB/T 20688.1—2007 中的试验方法执行。

(2)徐变性能试验按 GB/T 20688.1—2007 中的试验方法执行。

(3)竖向压缩疲劳性能试验按 GB/T 20688.1—2007 中的试验方法执行。

注:1. 测试频率受试验条件限制时最小频率不得低于 0.01 Hz。

2. 剪切试验宜采用一个产品作单剪试验,试验设备的摩擦系数必须标定,摩擦力不得大于剪切力的 3%。

欧洲标准 EN 15129—2009《隔震装置》中对高阻尼橡胶支座成品支座的性能试验要求,与铅芯橡胶支座成品支座的检测要求是一样的,可以参见表 7-13。有关高阻尼橡胶支座的型式检验和生产工程的控制检验均可以参见铅芯橡胶支座的相关规定。生产过程控制的检验数量也不少于产品总数的 20%。

为了解国内橡胶减震、隔震支座标准与国外相关标准的区别,将《公路桥梁高阻尼橡胶隔震支座》标准送审稿和国标 GB/T 20688.1—2007《橡胶支座　第一部分:隔震橡胶支座试验方法》、国际标准化组织标准 ISO 22762—1:2005《弹性橡胶隔震装置　第一部分:试验方法》和欧洲标准 EN 15129—2009《隔震装置》中有关橡胶隔震支座的力学性能检测的要求进行对比。表8-10 为国内外相关标准对橡胶隔震支座力学性能检测要求对比表。

从表 8-10 可见,国内、外有关橡胶减震、隔震支座的力学性能检测要求基本相同,支座水平特性试验时,试验基准频率通常为 0.5 Hz,支座压应力为 6 MPa,标准试验温度为 23 ℃ ±5 ℃,支座的剪应变基准值取 100%(150%)。支座水平剪切特性的变化率 GB 20688.1—2007 为 ±15%,高于欧标(EN 15129—2009)±20% 的要求,但耐老化性能要求 GB 20688.1—2007 为 ±30%,低于欧标(EN 15129—2009)±20% 的要求。目前支座低温性能试验国内基本无法进行。

尽管目前国内的橡胶减震、隔震支座的相关标准是参照国际标准编制的,技术性能指标与国外标准接近,但国内缺少必要的检测手段,尤其是支座的水平剪切特性的各种相关性试验(频率相关性、温度相关性和各项耐久性），国内有很多项目尚无法进行测试，这直接影响支座产品出厂验收，尤其是高阻尼橡胶隔震支座的水平等效刚度和等效阻尼比，主要取决于橡胶配方和生产硫化工艺，如果没有可靠的检测设备对成品支座进行性能检验，将无法控制高阻尼橡胶隔震支座的质量，对应用于桥上的隔震橡胶支座的质量无法严格控制时，将很难把握支座的有效减震、隔震效果。因此，当前必须尽快提升我国减震、隔震装置的检测手段，以便确保在实际工程中使用合格的隔震支座和装置。今后对橡胶减震、隔震支座的生产企业必须实行严格的准入制度，对其生产能力、生产规模、质量保证体系和质量检测手段进行严格的考核。

表 8－10　国内外相关标准对橡胶隔震支座力学性能检测要求对比表

性能要求	试验项目	ISO 22762—1—2005 和 GB 20688.1—2007	《公路桥梁高阻尼橡胶隔震支座》标准送审稿	EN 15129—2009
压缩性能	竖向压缩刚度	由压应力 1.5 ~ 6 MPa 得出抗压刚度的偏差为 ±30%	加载应力：从 0.5 MPa 加载到设计压应力 12 MPa，取第 3 个循环从 1.5 MPa 加载到设计压应力 12 MPa 的竖向变形值	33.3% ~ 100% N_{Sd} 下的切线刚度的偏差为 ±30%
	压缩变形			在无地震时的设计荷载 N_{Sd} 下，压缩 3min，无缺陷；无加劲钢板剥离；裂缝宽度和深度小于 2 mm
剪切性能	水平等效刚度、等效阻尼比、屈服后刚度、屈服力	剪应变 100% 或 150%；23 ℃ ±5 ℃；3 次或 11 次。偏差值 A 类为 ±10%，B 类为 ±20%	0.5 Hz；23 ℃ ±5 ℃；6 MPa；剪应变 100% 或 150%；3 次	0.5 Hz（≥0.01 Hz）；6 MPa 压力；100% 应变；23 ℃ ±5 ℃；3 次。在设计的位移量 d_{bd} 下，应该在设计数值的 ±20% 以内

续上表

性能要求	试验项目	ISO 22762—1—2005 和 GB 20688.1—2007	《公路桥梁高阻尼橡胶隔震支座》标准送审稿	EN 15129—2009
剪切性能相关性	剪应变相关性	剪应变为 $0.5\gamma_0$、$1.0\gamma_0$、$1.5\gamma_0$ 或最大剪应变时的水平剪切性能变化率小于±15%	剪应变为 $0.5\gamma_0$、$1.0\gamma_0$、$1.5\gamma_0$ 或最大剪应变时的水平剪切性能变化率小于±15%	0.5 Hz;5%,10%,20%,50%,100%,150%应变;23 ℃±5 ℃;3次
	压应力相关性	0.5 Hz下,在3、6、9、12 MPa的压应力下,支座的水平剪切性能变化率小于±15%	0.5 Hz下,在3、6、9、12 MPa的压应力下,支座的水平剪切性能变化率小于±15%	
	加载频率相关性	基准频率0.5 Hz。频率按0.001、0.005、0.01、0.1、0.5、1.0和2.0 Hz递增	频率为0.1、0.5、1.0、2.0 Hz时,支座的水平剪切性能变化率小于±15%	0.1,0.5,2 Hz;100%应变;23 ℃±5 ℃;3次。水平特征值 K_b 和 ξ_b(或者 K_b 和 Q_d)随着频率的变化最大值为±20%
	反复加载次数相关性	50次;测定1、3、5、10、30和50次反复加载的剪切性能。基准值为3次;冷却后进行3次	反复加载100次时,测定的1、5、10、20、30、50、70、90和100次循环时,水平剪切性能变化率小于±15%	0.5 Hz;100%应变;23 ℃±5 ℃;11次。2~10次循环中 K_b 和 ξ_b(或者 K_b 和 Q_d)最大与最小值之比≥0.7;1~10次循环中 K_b(或者 K_2)最大与最小值之比≥0.6

续上表

性能要求	试验项目	ISO 22762—1—2005 和 GB 20688.1—2007	《公路桥梁高阻尼橡胶隔震支座》标准送审稿	EN 15129—2009
剪切性能相关性	温度相关性	0.2、0.3 或 0.5 Hz；100% 或 175% 剪应变；在(40±2,23±2,0±2,−10±2,−20±2)℃下进行水平剪切试验。温度小于 23 ℃时，水平特性的最大变化量为 23 ℃测试值的变化率在 +80% ~ −20% 之内	0.2、0.3 或 0.5 Hz；100% 或 175% 剪应变；在(40±2,23±2,0±2,−10±2,−20±2)℃下进行水平剪切试验。温度小于 23 ℃时，水平特性的最大变化量为 23 ℃测试值的变化率在 +80% ~ −20% 之内	0.5 Hz；100% 应变；(40±2,23±2,0±2,−10±2,−20±2)℃；3 次。最大的变化量为：在最高温度下为 23 ℃时的 ±20%；在最低温度下为 23 ℃时的 +80% 和 −20% 的限值内
压缩性能相关性	剪应变相关性	剪应变 0、$0.5\gamma_0$、$1.0\gamma_0$ 和 $1.5\gamma_0$ 下的压缩性能	剪应变 0、$0.5\gamma_0$、$1.0\gamma_0$ 和 $1.5\gamma_0$ 下的压缩性能	
	压应力相关性	压应力为 $\sigma_0 \pm 0.3\sigma_0$、$\sigma_0 \pm 0.5\sigma_0$、$\sigma_0 \pm 1.0\sigma_0$；σ_0 为设计压应力下的压缩性能	压应力为 $\sigma_0 \pm 0.3\sigma_0$、$\sigma_0 \pm 0.5\sigma_0$、$\sigma_0 \pm 1.0\sigma_0$；σ_0 为设计压应力下的压缩性能	
耐久性能	老化性能	老化温度和时间按相当于在环境温度下使用 60 年确定，水平剪切性能允许变化率为 ±30%	老化温度和时间按相当于在环境温度下使用 60 年确定，水平剪切性能允许变化率为 ±30%	70 ℃ ×14 d；0.5 Hz；100% 应变；变化量 ≤20%

续上表

性能要求	试验项目	ISO 22762—1—2005 和 GB 20688.1—2007	《公路桥梁高阻尼橡胶隔震支座》标准送审稿	EN 15129—2009
耐久性能	徐变性能	23 ℃ ±2 ℃,设计压应力下 1 min 后的压缩变形为零点,分别在测定1 ~ 10 h、10 ~ 100 h、100 ~ 1 000 h 时间段的徐变,推算 60 年后的徐变应变不超过 10%	23 ℃ ±2 ℃,设计压应力下 1 min 后的压缩变形为零点,分别在测定1 ~ 10 h、10 ~ 100 h、100 ~ 1 000 h 时间段的徐变,推算 60 年后的徐变应变不超过 10%	10^4 min 下的蠕变变形应该小于 10 min 下的蠕变变形的 20%
	疲劳性能	2 ~ 5 Hz;最大压力~ 最小压力;200 万次,观察支座外形变化	2 ~ 5 Hz;最大压力~ 最小压力;200 万次,观察支座外形变化	

第六节　国内外橡胶隔震支座的设计计算方法

我国自 20 世纪 60 年代以来就开始使用板式橡胶支座,并且在多跨公路简支梁桥上利用板式橡胶支座,设计成反力分散型桥梁支座,在地震区用板式橡胶支座分散地震力。国际上也常常采用板式橡胶支座分散地震力,在 EN 15129—2009《隔震装置》中,把板式橡胶支座也作为隔震阻尼支座的一种,但板式橡胶支座的阻尼比较小,仅为 5% 左右。此外,在地震区采用板式橡胶支座时,板式橡胶支座本身应设置顶、底钢板,与梁体和墩台顶面有可靠的连接,以便传递地震水平力。目前,我国板式橡胶支座的设计采用交通行业标准《公路桥梁板式橡胶支座》(JT/T 4—2004)的规定,支座的设计主要检算支座平均压应力、最大剪切角和最大设计转角。该设计方法与国际通用的 EN 1337—3《桥梁支座　第三部分:板式橡胶支座》存在很大区别,EN 1337—3 除了检算最大剪切角外，必须检算支座的最大应变，该应变为支座的压应变、剪应变和转动应变之和。

一、EN 1337—3《桥梁支座　第三部分：板式橡胶支座》的设计规定

EN 1337—3《桥梁支座　第三部分：板式橡胶支座》在进行板式橡胶支座设计时，假定橡胶是一种黏弹性材料，其在压缩载荷下的变形受其形状影响。支座的内部加劲钢板和橡胶通过化学方法黏结，钢和橡胶的接触面之间不发生任何相对运动。当外部顶层和底层橡胶保护层的厚度≤2.5 mm 时，在设计时不计入其厚度。支座性能必须满足以下要求。

1. 最大设计应变

支座任何点的应变总和由下式决定：

$$\varepsilon_{t,d}=K_L(\varepsilon_{c,d}+\varepsilon_{q,d}+\varepsilon_{\alpha,d})$$

式中　$\varepsilon_{c,d}$——由于设计垂直荷载引起的设计压应变；

$\varepsilon_{q,d}$——由于设计横向位移引起的设计剪应变；

$\varepsilon_{\alpha,d}$——由于设计转角引起的设计转动应变；

K_L——荷载系数，通常为 1.0，如果需要可以按活荷载作用下取 1.5，在其他荷载作用下（包括温度和风载）取 1.0。

$\varepsilon_{t,d}$不能超过最大值 $\varepsilon_{u,d}$。

$$\varepsilon_{u,d}=\frac{\varepsilon_{u,k}}{\gamma_m}$$

式中　$\varepsilon_{u,d}$——在破坏极限状态（ULS）下，最大允许值为 7；

γ_m——材料分项系数，推荐值为 1。

（1）支座用加劲钢板的最大拉应力应满足设计要求。

（2）支座应满足转动、滑动的稳定性和不失稳。

（3）应考虑支座作用在邻接的建筑结构上的力、力矩及其形变。

2. 支座的形状系数

板式橡胶支座每一橡胶层的形状系数为：

$$S=\frac{A_1}{l_p t_e}$$

对于平板橡胶支座（无加劲钢板）者，其形状系数 S 为：

$$S=\frac{A}{l_p \cdot t_e}$$

对于条形橡胶支座，其形状系数 S 为：

$$S=\frac{a}{2t_e}$$

式中 A_1——支座的有效平面面积，按橡胶和钢板的接触面积计，孔洞（其后不会塞紧的）的面积应除外；

A——支座的平面面积（按支座外形尺寸计）；

l_p——支座的侧面面积，含孔洞的侧面面积；

t_e——单层橡胶层的厚度，在加劲板式橡胶支座中，内层橡胶取橡胶层本身厚度 t_i，表层橡胶层取 $1.4t_i$，且≥3 mm。

对于无孔的矩形支座：

$$A_1=a'\cdot b'$$

或：

$$l_p=2(a'+b')$$

式中 a'——支座的有效宽度；

b'——支座的有效长度。

3. 由于载荷引起的设计应变

(1)支座在垂直荷载下的设计压应变 $\varepsilon_{c,d}$，由下式决定：

$$\varepsilon_{c,d}=\frac{1.5F_{z,d}}{G\cdot A_r\cdot S}$$

式中 A_r——荷载作用下的有效作用面积：

$$A_r=A_1\left[1-\frac{V_{x,d}}{a'}-\frac{V_{y,d}}{b'}\right]$$

式中 $V_{x,d}$——所有设计载荷作用下，在尺寸 a 方向下，支座的部件间的最大水平相对位移；

$V_{x,d}$——所有设计载荷作用下，在尺寸 b 方向下，支座的部件间的最大水平相对位移；

G——支座的剪切模量。

(2) 支座的剪切应变 $\varepsilon_{q,d}$ 不能超过 1。

$$\varepsilon_{q,d}=\frac{V_{xy,d}}{T_q}$$

式中 $V_{xy,d}$——$V_{x,d}$ 和 $V_{y,d}$ 的最大水平相对位移矢量和；

T_q——参与剪切的橡胶总厚度(包括顶、底面橡胶保护层)，除非支座顶、底面与建筑结构之间的相对运动被销子或其他约束所限制。

(3) 支座的转动应变由下式确定

$$\varepsilon_{\alpha,d}=\frac{[a'^2\cdot\alpha_{a,d}+b'^2\cdot\alpha_{b,d}]t_i}{2\sum(t_i^3)}$$

式中 $\alpha_{a,d}$——支座宽度 a 方向的转角；

$\alpha_{b,d}$——支座长度 b 方向的转角；

t_i——单层橡胶层的厚度。

4. 加劲钢板的厚度

$$t_s=\frac{K_p\cdot F_{z,d}\cdot(t_1+t_2)\cdot K_h\cdot\gamma_m}{A_1\cdot f_y}\quad 和\quad t_s\geqslant 2\ \text{mm}$$

式中 $F_{z,d}$——作用于支座的竖向荷载；

A_r——支座的有效面积；

t_1 和 t_2——钢板两边的橡胶层厚度；

f_y——钢的屈服应力；

K_h——加劲钢板的拉伸应力的系数：无孔时 $K_h=1$，有孔时 $K_h=2$，推荐值为 1；

γ_m——材料分项系数；

K_p——应力校正系数，为 1.3。

5. 板式橡胶支座的限制条件

(1) 转动限制条件

板式橡胶支座的转动限制条件，垂向总形变 $\sum v_{z,d}$ 应满足以下要求：

对于矩形支座：

$$\sum v_{z,d} - \frac{(a' \cdot \alpha_{a,d} + b' \cdot \alpha_{b,d})}{K_{r,d}} \geqslant 0$$

对于圆形支座：

$$\sum v_{z,d} - \frac{(D' \cdot \alpha_{d})}{K_{z,d}} \geqslant 0$$

式中 D'——支座的有效直径；

$K_{r,d}$——转动因数；

$\sum v_{z,d}$——产生 α_a 和 α_b 的垂向总形变。

(2)支座压屈稳定性(支座失稳条件)

对于板式橡胶支座 $F_{z,d}$ 应满足以下条件：

矩形支座时：

$$\frac{F_{z,d}}{A_r} < \frac{2 \cdot a' \cdot G \cdot S_1}{3 \cdot T_e}$$

圆形支座时，a' 为圆的直径。

(3)无限位支座的抗滑动条件见下式：

$$F_{xy,d} \leqslant \mu_e \cdot F_{z,dmin}$$

且在恒载作用下，支座最小压应力应满足：

$$\sigma_{cdmin} = \frac{F_{z,dmin}}{A_r} \geqslant 3\ \text{MPa}$$

式中 $F_{xy,d}$——所有水平力的合力；

$F_{z,d}$——与 $F_{xy,d}$ 共存的最小垂向设计力；

μ_e——摩擦系数，$\mu_e = 0.1 + \dfrac{1.5K_f}{\sigma_m}$。

式中 $K_f = 0.6$（对于混凝土）或 $= 0.2$（其他所有表面，包括树脂砂浆垫层）；

σ_m——$F_{z,d}$ 垂直压应力的平均值(MPa)。

对于长期影响而言，摩擦系数 μ_e 的设计值可能会偏低。在一些情况下，比如铁路桥或光滑的墩顶表面，可以选用确定时更复杂的值。支座不能满足滑动的稳定性要求时，可采用适当的办法来抵抗水平力。

6. 支座作用于建筑结构上的力、力矩及其形变

（1）支座对相邻结构产生一个作用力，其平均压应力不得超过结构材料的抗压强度。

（2）支座滑移对相邻结构施加的力：

$$R_{xy}=\frac{A\cdot G\cdot v_{xy}}{T_e}$$

式中 R_{xy}——抗平移的力的合力；

A——支座的总平面面积；

G——支座的抗剪模量；

T_e——橡胶的总厚度；

R_{xy}——不能超过指定值。

（3）支座的转动的阻力

矩形板式橡胶支座的转动反力矩取决于长、短边尺寸，可以按下列公式计算：

$$M=G\cdot\frac{\alpha\cdot a'^5\cdot b'}{n\cdot t_i^3\cdot K_s}$$

圆形板式橡胶支座的转动反力矩，可以按下列公式计算：

$$M=G\cdot\frac{\alpha\cdot\pi\cdot D'^6}{512\cdot n\cdot t_i^3}$$

K_s 的值见表 8－11。

表 8－11　复位力矩系数

b/a	0.5	0.75	1	1.2	1.25	1.3	1.4	1.5
K_s	137	100	86.2	80.4	79.3	78.4	76.7	75.3
b/a	1.6	1.7	1.8	1.9	2	2.5	10	∞
K_s	74.1	73.1	72.2	71.5	70.8	68.3	61.9	60

转动反力矩的计算值适用于大多数情况，当要求更精确的计算时，可通过试验来确定。

(4)支座的垂直压缩变形

支座的垂直压缩变形是各层橡胶的变形的总和：

$$v_c = \sum \frac{F_z \cdot t_i}{A'} \cdot \left[\frac{1}{5 \cdot G \cdot S_1^2} + \frac{1}{E_b}\right]$$

式中　F_z——支座承受的垂直荷载；

t_i——单层橡胶的厚度；

A'——橡胶有效承压面积；

E_b——橡胶体积模量，$E_b = 2\ 000$ MPa。

板式橡胶支座在 EN 15129—2009《隔震装置》中也可视为一种隔震支座，其阻尼比较小（通常为 0.05 以下），作为隔震支座使用时，板式橡胶支座应设置顶、底钢板与桥梁部件连接。

二、EN 15129—2009《隔震装置》中关于橡胶隔震支座的设计规定

1. 支座的形状系数

对于矩形截面支座：

$$S = \frac{ab}{2t_r(a+b)}$$

式中　a 和 b——加劲钢板两边的长度。

对于具有直径为 d_H 孔的圆支座：

$$S = \frac{D' - d_H}{4t_r}$$

2. 支座的最大设计剪切应变

最大设计剪切应变 $\varepsilon_{t,d}$ 表达式为：

$$\varepsilon_{t,d} = K_L(\varepsilon_{c,E} + \varepsilon_{q,max} + \varepsilon_{a,d})$$

式中　$\varepsilon_{c,E}$——最大垂向载荷 $N_{Ed,max}$ 的最大设计剪切应变；

$\varepsilon_{q,max}$——最大水平位移 d_{bd} 产生的剪切应变，$\varepsilon_{q,max} \leqslant 2.5$；

$\varepsilon_{a,d}$——由每个正交方向的最小转角值为 0.003 rad 所产生的剪切应变；

K_L——载荷系数，在通常情况下，$K_L = 1.0$，如果需要也可

以取：活载作用为1.5，其他荷载作用（包括风和温度）为1.0。

最大的设计剪切应变值应该满足要求：

$$\varepsilon_{t,d} \leqslant \frac{7.0}{\gamma_m}$$

式中 γ_m——弹性材料的分项系数。建议 γ_m 的值取为1.0。

注：标准 EN 1998—2 中 γ_m，建议它的取值为1.15。在标准 EN 1337—3:2005中数值建议取为1.0。

3. 垂向载荷压缩产生的设计剪切应变

对应于最大垂向载荷 $N_{Ed,max}$ 的最大设计剪切应变量——压缩应变量 $\varepsilon_{c,E}$ 的计算公式为：

$$\varepsilon_{c,E} = \frac{6SN_{Ed,max}}{A_r E'_c}$$

式中 S——橡胶层的形状系数。

$N_{Ed,max}$——最大垂向载荷。

A_r——橡胶有效截面积，应考虑在非地震水平位移下，引起支座顶、底面有效承载面积的折减；在计算有效承载区域面积和未承载区域面积的时候，应该考虑孔对计算的影响。如果为堵塞的孔，则不计它们的影响。

E'_c——抗压模量，对于有堵塞孔矩形、圆形和环形支座，计算公式为：

$$E'_c = 3G(1 + 2S^2)$$

式中 G——支座剪切模量，由23 ℃、100%剪应变条件下测得。

具有较大形状系数的装置，如大多数作为隔震器的装置，橡胶不可压缩的假设，会导致对抗压模量和垂向刚度的过高估计。橡胶的压缩性能可以近似地按下式考虑：

因此压缩模量 E_c 给定为：

$$\frac{1}{E_c} = \frac{1}{E'_c} + \frac{1}{E_b}$$

式中　E_b——隔震器的体积模量。如果缺少测量值，E_b可采用 2 000 MPa。

叠层橡胶隔震器的总垂向刚度为各单层垂向偏差的总和：

$$K_v = \frac{A'}{\sum \frac{t_i}{E_{ci}}}$$

式中　E_{ci}——每层厚度 t_i 的单个橡胶层的压缩模量。

对于 $S>8$ 具有较大的形状系数的支座，采用的 E'_c 时，当对体积压缩性的影响不加以修正，可以导致对 $\varepsilon_{c,E}$ 的低估。然而，对体积压缩性的影响加以修正，会导致对 $\varepsilon_{c,E}$ 实际上估计过高。

具有非封闭孔的环形支座的压缩模量 E'_c 按下式计算：

$$E'_c = 3G\left(1 + 2\frac{(1+\rho^2)\ln\rho + (1-\rho^2)}{(1-\rho)^2\ln\rho}S^2\right)$$

式中　ρ——加劲钢板的内径与外径之比。

4. 支座在地震水平位移下的设计剪切应变 $\varepsilon_{q,E}$

由于地震作用设计位移量 d_{bd} 产生的设计剪切应变 $\varepsilon_{q,E}$ 计算公式：

$$\varepsilon_{q,E} = \frac{d_{bd}}{T_q}$$

式中　T_q——剪切作用下弹性体有效作用区域的总厚度。

由最大水平位移 d_{bd} 产生的剪切应变 $\varepsilon_{q,max}$ 应该小于 2.5，即：$\varepsilon_{q,max} \leqslant 2.5$。

支座水平刚度的理论值为：

$$K_b = \frac{GA}{T_q}$$

式中　A——支座的橡胶面积；

G——因地震作用下设计剪切应变时的剪切模量。

注：水平刚度与垂向载荷的关系较小。但当垂向载荷超过临界载荷 1/3 时，依赖关系就变大。

非地震荷载作用下的剪切应变应控制在 $\varepsilon \leqslant 0.7$。

5. 支座转动产生的剪应变 $\varepsilon_{a,d}$

按支座在每个正交方向的最小转角值为0.003 rad所产生的剪切应变计算。

支座的平行于长度方向（b 方向）的抗弯刚度理论值，由如下表达式给出：

对矩形支座：

$$K_{\varphi}=\frac{Ga^{5}b}{nt_{i}^{3}k_{\mathrm{R}}}$$

对圆形装置：

$$K_{\varphi}=\frac{G\pi d_{0}^{6}}{512nt_{i}^{3}}$$

K_{R} 的确定和普通板式橡胶支座一致，见表8－11。

6. 支座在零侧向地震位移下的屈曲载荷

当形状系数 $S>5$ 时，支座的屈曲载荷值为：

$$P_{\mathrm{cr}}=\frac{\lambda GA_{\mathrm{r}}a'S}{T_{\mathrm{q}}}$$

式中，对于矩形支座，a' 为支座的有效宽度，即内部加劲钢板最小边的长度。λ 取1.3。对于圆形支座，a' 为支座的有效直径 D'，即内部加劲钢板的直径，λ 取1.5。对于有孔支座，不论堵塞或者未堵塞，A_{r} 都应该包含孔的面积。

7. 支座在地震作用下的屈曲稳定

本条款不适用铅芯尺寸超过计划直径15%的铅芯橡胶支座。对于多铅芯的情况，可以取一个等效的铅芯直径。

$$N_{\mathrm{Ed,max}}<P_{\mathrm{cr}}/2$$

对于 $P_{\mathrm{cr}}/4\leqslant N_{\mathrm{Ed,max}}<P_{\mathrm{cr}}/2$，应该满足以下的要求：

$$1-\frac{2N_{\mathrm{Ed,max}}}{P_{\mathrm{cr}}}\geqslant 0.7\delta$$

对于 $N_{\mathrm{Ed,max}}<P_{\mathrm{cr}}/4$，应该满足以下要求：

$$\delta\leqslant 0.7$$

式中　$\delta=\dfrac{d_{\mathrm{Ed}}}{a'}$。

8. 地震作用下支座的倾复稳定性

采用剪力键或者销钉连接的橡胶减震支座，倾复稳定性应通过下式检测。

$$d_{Ed} \leqslant \frac{1}{\gamma_R} \frac{N_{Ed,max} \cdot a'}{(K_b T_b + N_{Ed,min})}$$

式中 $N_{Ed,min}$——在设计地震作用下的垂向载荷的最小值；

K_b——在最大测试位移下测得的水平剪切刚度；

T_b——支座的总高度；

γ_R——分项系数，建议取值为1.5。

9. 支座加劲钢板计算与EN 1337—3《桥梁支座　第三部分：板式橡胶支座》相同。

加劲钢板的厚度

$$t_s = \frac{K_p \cdot F_{z,d} \cdot (t_1 + t_2) \cdot K_h \cdot \gamma_m}{A_1 \cdot f_y} \quad 和 \quad t_s \geqslant 2\ \text{mm}$$

式中 $F_{z,d}$——作用于支座的竖向荷载；

A_r——支座的有效面积；

t_1 和 t_2——钢板两边的橡胶层厚度；

f_y——钢的屈服应力；

K_h——加劲钢板的拉伸应力的系数：无孔时 $K_h=1$，有孔时 $K_h=2$，推荐值为1；

γ_m——材料分项系数；

K_p——应力校正系数，为1.3。

对无孔钢板板厚可表示为：$t_s = \dfrac{1.3 \cdot F_{z,d} \cdot (t_1 + t_2)}{A_1 \cdot f_y}$

对有孔钢板板厚可表示为：$t_s = \dfrac{2.6 \cdot F_{z,d} \cdot (t_1 + t_2)}{A_1 \cdot f_y}$

三、国标《橡胶支座　第二部分：桥梁隔震橡胶支座》(GB/T 20688.2—2007)、国际标准化组织标准《弹性橡胶隔震装置　第二部分　桥梁上的应用—规定》(ISO 22762—2:2005)

在国标《橡胶支座　第二部分：桥梁隔震橡胶支座》(GB/T

20688.2—2007)、国际标准化组织标准《弹性橡胶隔震装置　第二部分　桥梁上的应用—规定》(ISO 22762—2:2005)中,对橡胶隔震支座的设计也作了详细规定,其主要内容和 EN 15129《隔震装置》基本相同。

1. 支座的形状系数

支座的形状系数可区分为第一形状系数和第二形状系数。第一形状系数的表达式与 EN 15129:2009《隔震装置》相同,第二形状系数 S_2 表示如下:

对圆形支座　$S_2 = \dfrac{d_0}{T_r}$

对矩形支座当横向位移无约束时:　$S_2 = \dfrac{a}{T_r}$　$(a \leqslant b)$

或者　$S_2 = \dfrac{b}{T_r}$　$(a > b)$

2. 支座的最大设计剪切应变

最大设计剪切应变 $\sum\gamma$ 表达式为:

$$\sum\gamma = \gamma_c + \gamma_s + \gamma_T \leqslant \gamma_a$$

式中　γ_c——最大垂向载荷 $N_{Ed,max}$ 的最大设计剪切应变;

γ_s——最大水平位移 d_{bd} 产生的剪切应变,$\gamma_s \leqslant 2.5$;

γ_T——由每个正交方向的支座转角 θ 所产生的剪切应变;

γ_a——设计剪应变的上限,可取橡胶断裂伸长率除以安全系数 1.5 之值,如橡胶断裂伸长率为 600%,则 γ_a = 600%/1.5 = 400%。

3. 垂向载荷压缩产生的设计剪切应变

与 EN 15129—2009《隔震装置》不同,国标《橡胶支座　第二部分:桥梁隔震橡胶支座》(GB/T 20688.2—2007)、国际标准化组织标准《弹性橡胶隔震装置　第二部分　桥梁上的应用—规定》(ISO 22762—2:2005)中垂向载荷压缩产生的设计剪切应变,针对圆形支座和矩形支座分别给出了表达式。

圆形支座垂向载荷压缩产生的设计剪切应变表达式和 EN

15129 相同：

$$\gamma_c = \frac{6.0S_1P_{max}}{E_c^sA_r}$$

矩形支座垂向载荷压缩产生的设计剪切应变表达式：

$$\gamma_c = \frac{8.5S_1P_{max}}{E_c^sA_r}$$

式中 S_1——橡胶第一形状系数。

P_{max}——最大垂向载荷。

A_r——橡胶有效截面积，应考虑在非地震水平位移下，引起支座顶、底面有效承载面积的折减；在计算有效承载区域面积和未承载区域面积的时候，应该考虑孔对计算的影响。如果为堵塞的孔，则不计它们的影响。

E_c^s——抗压模量。

4. 支座在地震水平位移下的设计剪切应变 ε_s

由于地震作用设计位移量 X_d 产生的设计剪切应变 γ_d 计算公式：

$$\gamma_d = \frac{X_d}{T_r} \leqslant \frac{\gamma_u}{1.2}$$

由于非地震作用的设计剪切应变 γ_s 计算公式：

$$\gamma_s = \frac{X_s}{T_r} \leqslant 0.7$$

式中 T_r——剪切作用下弹性体有效作用区域的总厚度；

γ_u——地震作用下的极限应变。

5. 支座转动产生的剪应变 γ_r

对矩形支座：$\gamma_r = \dfrac{a^2\theta_a + b^2\theta_b}{2t_r^2 n}$

对圆形支座：$\gamma_r = 6.0S_1^2\theta/n$

式中 t_r——单层橡胶的厚度；

n——橡胶层数。

6. 支座稳定性检算

(1)支座最大压应力 σ_{max}

$$\sigma_{max}=\frac{P_{max}}{A_e}$$

式中　P_{max}——设计最大荷载；

A_e——橡胶有效面积。

最大压应力与支座形状系数相关，$S_1<8$，$\sigma_{max}\leqslant 8$ MPa；$8\leqslant S_1<12$，$\sigma_{max}\leqslant S_1$；$S_1\geqslant 12$，$\sigma_{max}=12$ MPa。

(2)支座转动参数校核

对矩形支座

$$\frac{1}{C_1}\frac{P}{K_v}\geqslant\frac{(a\theta_a+b\theta_b)}{2}$$

对圆形支座

$$\frac{1}{C_1}\frac{P}{K_v}\geqslant\frac{d_0\theta}{2}$$

式中　C_1——安全系数，等于1.3；

K_v——支座抗压刚度。

(3)屈曲稳定性校核

对矩形支座　$\frac{P_{max}}{A_e}\leqslant\frac{1}{\phi}\frac{a_eGS_1}{T_r}$

对圆形支座　$\frac{P_{max}}{A_e}\leqslant\frac{1}{\phi}\frac{d_0GS_1}{T_r}$

通常 $\phi=2.5$，地震时 $\phi=1.5$。

7. 支座的水平等效刚度和等效阻尼比

支座的水平等效刚度 K_h 为：

$$K_h=G\frac{A}{T_r}$$

当剪切模量 G 考虑剪应变大小时，支座水平等效刚度为：

$$K_h=G_{eq}(\gamma)\frac{A}{T_r}$$

式中　等效剪切模量 $G_{eq}(\gamma)$ 由试验确定。

支座等效阻尼比 h_{eq} 为：

$$h_{eq}=\frac{1}{2\pi}\frac{W_d}{K_h\chi^2}$$

式中　W_d——剪力－剪切位移滞回曲线包络的面积，即每一循环加载所消耗的总能量；

χ——支座剪切位移。

8. 支座的抗拉应力

支座的抗拉应力为：

$$\sigma_t=\frac{V}{A_e}\leqslant\sigma_{te}$$

σ_{te}为支座抗拉强度。在非地震作用时，$\sigma_{te}=0$；在地震作用时，$\sigma_{te}=1.6$ MPa（$G=0.8$ MPa）或 $\sigma_{te}=2.0$ MPa（$G\geqslant1.0$ MPa）。

9. 支座加劲钢板计算

$$\sigma_s=2\lambda\cdot\frac{P\cdot t_r}{A_e\cdot t_s}\leqslant\frac{\sigma_{sy}}{1.7}$$

式中　P——支座最大设计荷载；

t_r——单层橡胶厚度；

t_s——加劲钢板厚度；

A_e——支座有效面积；

σ_{sy}——加劲钢板屈服强度；

λ——修正系数，对无孔钢板 $\lambda=1.0$，对有孔（$A_p/A=0.03\sim0.1$）钢板 $\lambda=1.5$。

对无孔钢板板厚可表示为：$t_s=\dfrac{1.7\cdot P\cdot(2\cdot t_r)}{A_e\cdot\sigma_{sy}}$；

对有孔钢板板厚可表示为：$t_s=\dfrac{1.5\cdot1.7\cdot P\cdot(2\cdot t_r)}{A_e\cdot\sigma_{sy}}$

即　$$t_s=\frac{2.55\cdot P\cdot(2\cdot t_r)}{A_e\cdot\sigma_{sy}}。$$

对比 EN 15129—2009《隔震装置》和国标（GB/T 20688.2—2007）《橡胶支座　第二部分：桥梁隔震橡胶支座》、国际标准化组织标准（ISO 22762—2:2005）《弹性橡胶隔震装置　第二部分　桥梁上的应用—规定》，橡胶隔震支座的设计计算方法的基本原理是一致的，都是要检算支座的总应变和支座的抗压、转动和压曲稳定性，但在公式的表达方式、参数的取值上存在差异。主要区别见表8-12。

从表8-12可见，EN 15129—2009《隔震装置》对桥梁减震、隔震支座的性能要求，与GB/T 20688.2—2007和ISO 22762—2:2005的要求，从极限总应变、垂向载荷压缩产生的设计剪切应变和支座在地震水平位移下的设计剪切应变等方面，都有比较接近，仅在转动产生的剪应变方面，EN 15129—2009采用了0.003 rad的定值，而GB/T 20688.2—2007和ISO 22762—2:2005按实际发生的转角计算。支座加劲钢板计算中，对不开孔的钢板，EN 15129—2009的钢板应力校正系数（安全系数）为1.3，小于（ISO 22762—2:2005）《弹性橡胶隔震装置　第二部分　桥梁上的应用—规定》的1.7，而开孔钢板EN 15129—2009的钢板应力校正系数$K_P \times K_h = 1.3 \times 2 = 2.6$，（ISO 22762—2:2005）《弹性橡胶隔震装置　第二部分桥梁上的应用—规定》的钢板应力校正系数$1.7 \times 1.5 = 2.55$，两者基本一致。

表8-12　国内外相关标准橡胶隔震支座设计参数的区别

项　目	EN 15129—2009《隔震装置》	GB/T 20688.2—2007 和ISO 22762—2:2005
极限总应变	7.0，$K_L = 1.5$	橡胶断裂伸长率除以安全系数1.5
垂向载荷产生的设计剪切应变ε_c	$\varepsilon_{c,E} = \dfrac{6SN_{Ed,max}}{A_r E'_c}$ 矩形和圆形	矩形 $\gamma_c = \dfrac{8.5S_1 P_{max}}{E_c^s A_r}$， 圆形 $\gamma_c = \dfrac{6.0S_1 P_{max}}{E_c^s A_r}$
支座转动产生的剪应变γ_r	由每个正交方向的最小转角值为0.003 rad所产生的剪切应变	矩形支座：$\gamma_r = \dfrac{a^2\theta_a + b^2\theta_b}{2t_r^2 n}$ 圆形支座：$\gamma_r = 6.0S_1^2\theta/n$ 按实际转角θ计

续上表

项　目	EN 15129—2009《隔震装置》	GB/T 20688.2—2007 和 ISO 22762—2:2005
地震水平位移下的设计剪切应变 $\varepsilon_{q,E}$	$\varepsilon_{q,E}=\dfrac{d_{bd}}{T_q}$	$\gamma_d=\dfrac{X_d}{T_r}\leqslant\dfrac{\gamma_u}{1.2}$
加劲钢板设计	无孔钢板板厚 $t_s=\dfrac{1.3\cdot F_{z;d}\cdot(t_1+t_2)}{A_1\cdot f_y}$ 有孔钢板板厚 $t_s=\dfrac{2.6\cdot F_{z,d}\cdot(t_1+t_2)}{A_1\cdot f_y}$	无孔钢板板厚 $t_s=\dfrac{1.7\cdot P\cdot(2\cdot t_r)}{A_e\cdot\sigma_{sy}}$ 有孔钢板板厚 $t_s=\dfrac{2.55\cdot P\cdot(2\cdot t_r)}{A_e\cdot\sigma_{sy}}$

第七节　橡胶减震、隔震支座的研究与开发

除了铅芯橡胶支座和高阻尼橡胶支座外，国外还在进行新型橡胶隔震支座的研发。日本研究过一种周边约束型隔震橡胶支座[15]，美国正在研究一种填充钢球型隔震橡胶支座[23]。

周边约束型隔震橡胶支座构造见图 8－1。周边约束型隔震橡胶支座的构造与铅芯橡胶支座相近，将铅芯用一种高阻尼橡胶替代，该支座由芯部的高阻尼橡胶提供阻尼，由周边约束的加劲橡胶提供竖向承载力和恢复力。其水平等效刚度和水平等效阻尼比的性能有以下特点：

(1)周边约束型隔震橡胶支座水平刚度在水平剪切变形较小时刚度较大，随剪切变形的增大逐渐趋于稳定，剪切变形大于25%后，剪切变形对水平刚度的影响很小。水平等效刚度和水平等效阻尼比几乎恒定。

(2)周边约束型隔震橡胶支座水平刚度随正压力的增加而降低，相反水平等效阻尼比随正压力的增加而增加，但依存性较小。

(3)周边约束型隔震橡胶支座水平剪切变形在 250% 以内时，

水平刚度基本呈线性。水平剪切变形继续增大，橡胶会出现硬化现象，在水平剪切变形达到500%时，橡胶发生破坏。

（4）周边约束型隔震橡胶支座第一次循环加载时的水平刚度较高，第三次循环加载有所降低，约下降10%，但反复加载对等效阻尼比的影响不大。

（5）周边约束型隔震橡胶支座在较小的水平剪切变形下，水平刚度随加载频率的增加而增加，水平剪切变形超过50%后，加载频率的影响不大。在水平剪切变形超过50%时，在低频率范围内随加载频率的增加，水平等效阻尼比有增大的倾向。

（6）周边约束型隔震橡胶支座的水平等效刚度和水平等效阻尼比，随温度升高而降低，随温度降低而升高。

（7）周边约束型隔震橡胶支座的竖向压缩刚度随竖向荷载的降低而降低，随竖向荷载的增加而增加。

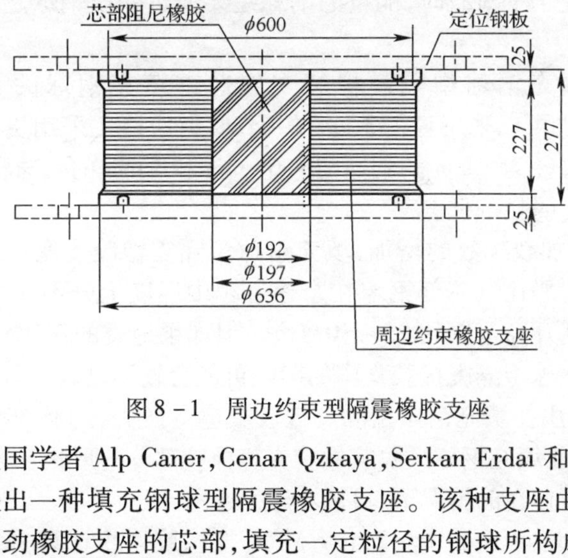

图8－1　周边约束型隔震橡胶支座

美国学者 Alp Caner，Cenan Qzkaya，Serkan Erdai 和 Nick Marianos 提出一种填充钢球型隔震橡胶支座。该种支座由在周边约束的加劲橡胶支座的芯部，填充一定粒径的钢球所构成，图8－2为填充钢球型隔震橡胶支座的构造图。

填充钢球型隔震橡胶支座构造与周边约束型隔震橡胶支座相同，但支座中心用直径为1.65 mm的钢球填充。支座受压后钢球

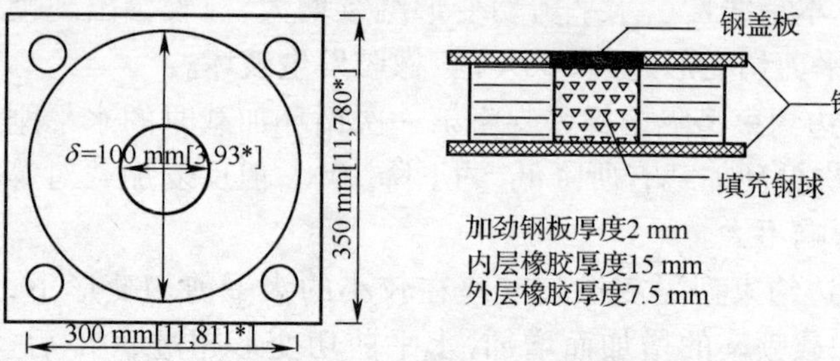

图 8－2　填充钢球型隔震橡胶支座

压紧，支座发生剪切变形时，钢球与钢球之间发生摩擦耗能，达到阻尼效果，周边的加劲橡胶板提供恢复力。

试验分别就钢球直径、支座中心孔直径、竖向压力水平等方面进行了研究，主要的研究结论如下：

(1)填充钢球型隔震橡胶支座可以提供约 20% 的黏性阻尼，在支座经受水平荷载时，能量的消耗主要通过受压钢球之间的摩擦耗能。

(2)填充钢球型隔震橡胶支座芯部填充钢球的直径为 1.65 mm，也可以采用直径 3 mm 的钢球，但应避免采用更大直径的钢球。直径为 5 mm 的钢球与 1.65 mm 和 3 mm 的钢球相比，滞回耗能性能明显降低。

(3)随加载次数的增加，填充钢球型隔震橡胶支座的滞回耗能性能没有恶化。芯部钢球在摩擦过程中温度上升不超过 45～50 ℃(温度升高范围约 25～30 ℃)。但如果地震的作用较强，温度对填充钢球型隔震橡胶支座的影响可能会较明显。

(4)作用在填充钢球型隔震橡胶支座的压力，约有 50% 由钢球承受，因此填充钢球型隔震橡胶支座橡胶部分的形状系数较低，在不计钢球存在的情况下，可以小于 5.0。

(5)在均匀压应力大于 1.7 MPa(按橡胶面积计算)时，填充钢球型隔震橡胶支座的特征强度，不会因为钢球在较低摩擦系数下向水平方向膨胀而明显地增加。

(6)特征强度与竖向压力之比 Q_d/P_{ver} 在 0.04～0.15 或更大

时，由钢球摩擦引起的能量耗散是有效的。

(7)在限制最大水平力设计填充钢球型隔震橡胶支座时，支座外径 D 与钢球部分直径 d 的比值 $D/d=3.0$ 或 $D/d=3.75$，可以提供较高的滞回耗能面积。具有较低 D/d 的填充钢球型隔震橡胶支座，可用于特殊用途。

图 8-3 为带与不带填充钢球的支座滞回曲线，图 8-4 为不同钢球直径下支座的滞回曲线。

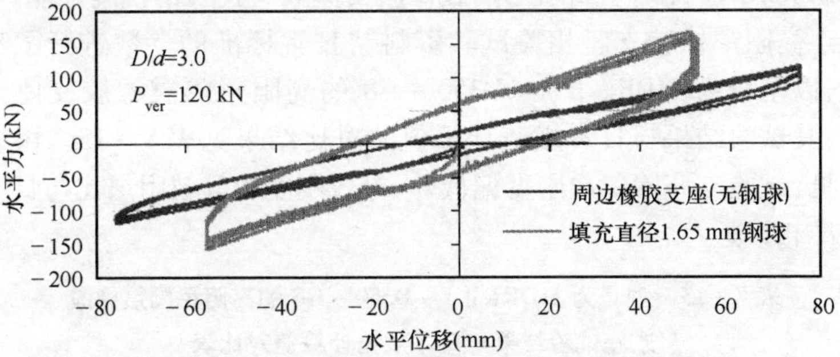

图 8-3　带与不带填充钢球的支座滞回曲线

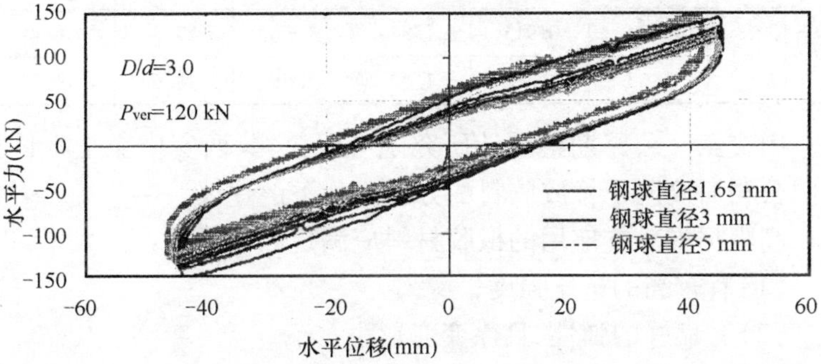

图 8-4　不同钢球直径下支座的滞回曲线

上述两种周边约束型阻尼橡胶支座的研究表明，隔震橡胶支座的形式可以采取多种方式，除铅芯橡胶支座外，还可以通过改变支座芯部的填充材料（阻尼材料）来达到预期的隔震效果。但必须通过大量的双轴试验，以充分研究所用材料在反复水平加载作用下阻尼性能的稳定性。

第八节　我国高阻尼隔震橡胶支座的研究现状

中交第一公路勘察设计研究院有限公司、西安中交土木科技有限公司联合研发了 HDR 高阻尼隔震橡胶支座，并进行了大量试验研究，试验证明了高阻尼隔震橡胶支座具有良好的抗震性能。

高阻尼橡胶支座相关试验资料与日本标准的参数进行了比较，以型号为 HDR（Ⅱ）－D350－G8 的高阻尼隔震橡胶支座为例，其试验结果与日本规范计算值的对比结果见表 8－13。由表可见，试验支座除二次刚度偏低外，等效刚度和等效阻尼比与日本标准相接近。

表 8－13　型号为 HDR（Ⅱ）－D350－G8 的高阻尼隔震橡胶支座试验结果与日本规范计算值对比表

项目/参数	二次刚度（kN/mm）		等效刚度（kN/mm）		等效阻尼比（%）	
剪应变	日本规范	试验结果	日本规范	试验结果	日本规范	试验结果
$\gamma=100\%$	1.34	0.915	1.87	1.76	17.3	16.45
$\gamma=175\%$	1.23	0.99	1.62	1.58	14.6	16.15

中交第一公路勘察设计研究院有限公司、西安中交土木科技有限公司对高阻尼橡胶胶料配方提出如下的建议。

高阻尼橡胶支座用的橡胶材料应满足以下要求：

（1）有较高的抗压强度；

（2）有良好的弹性，且徐变变形小；

（3）有良好的阻尼性能，且阻尼性能稳定；

（4）能较好地适应温度变化的影响；

（5）耐老化性能优良；

（6）有良好的耐磨耗性能；

（7）与加劲物有良好的黏结性能。

目前，HDR 系列高阻尼隔震橡胶支座的橡胶材料性能要求是根据 GB 20688、参照 EN—1337 等标准设计的，见表 8－14。

表 8－14　橡胶材料的技术性能要求

技术指标		要　求		
剪切模量 G(MPa)		0.8	1.0	2.2
拉伸强度(MPa)	HDR 支座模型	≥10		
	支座产品	≥8		
扯断伸长率(%)	HDR 支座模型	≥650	≥600	≥550
	支座产品	≥600	≥550	≥500
老化性能	拉伸强度变化率	±25%		
	扯断伸长率变化率	≥－50%		
	试验条件	70 ℃×168 h		
黏合性能	90°剥离强度(N/mm)	≥7.0		
压缩永久变形	HDR	<60%		
	试验条件	70 ℃、24 h，压缩率为 25%		
抗臭氧性能	外观要求	橡胶外层不出现龟裂		
	试验条件	50×10^{-8}，20% 伸长率，40 ℃×96 h		
硬　度	硬度可作为质量控制指标之一，但不作为主要的设计指标			

为研究高阻尼隔震橡胶支座胶料配方对支座阻尼性能的影响，中交一公院及相关协作研究单位经过反复的试验，并用相应配方制成高阻尼隔震橡胶支座，进行了支座的产品性能检测试验。

相关研究所用的胶料配方与性能分别见表 8－15 和表 8－16。

表 8－15　HDR 高阻尼隔震橡胶支座胶料基础配方

项　目	第一次	第二次	第三次
配方编号	G160－1	G160－2	G160－3
生　胶	100	100	100
氧化锌	5	5	5
硬脂酸	2	2	2

续上表

项　目	第一次	第二次	第三次
防老剂1	2	2	2
防老剂2	2	2	2
防老剂3	2	2	2
炭　黑	25	18	45
填　料	30	45	15
软化剂	5	5	10
改性剂	0	0	15
硫化剂	1.5	1.5	1.5
促进剂	2	2	1.5
防焦剂	0.3	0.3	0.3
分散剂	1.5	1.5	2

从表8－16可以看出，G160－3在前两次试验总结的基础上，添加了一种改性剂，该改性剂能够提高胶料的等效阻尼比，同时降低了胶料的剪切模量。

表8－16　HDR高阻尼隔震橡胶支座胶料物理机械性能

项　目	第一次	第二次	第三次
配方编号	G160－1	G160－2	G160－3
300%模量(MPa)	6.2	5.4	3.5
拉伸强度(MPa)	21.3	22.7	18.5
扯断伸长率(%)	600	676	730
撕裂强度(裤型)(kN·m^{-1})	21	23	25
硬度(邵A)	59	59	60
90°剥离强度(kN·m^{-1})	17	16	18
老化后性能(70 ℃×168 h)			
拉伸强度(MPa)	20.5	20.4	18.0
扯断伸长率(%)	550	580	650
硬度(邵A)	63	62	62

续上表

项　目	第一次	第二次	第三次
拉伸强度变化率(%)	-3.8	-10.1	-2.7
扯断伸长率变化率(%)	-8.3	-14.2	-7.1
硬度变化值	+4	+3	+2
压缩永久变形(%)(70 ℃×168 h,压缩率25%)	22	25	29
抗臭氧老化(40 ℃×96 h,50×10⁻⁸,20%伸长率)	无龟裂	无龟裂	无龟裂

从表8-16数据可以看出,G160-1和G160-2配方的拉伸强度达20 MPa,远远超过标准要求,但其扯断伸长率较低;通过添加橡胶改性剂,G160-3配方的拉伸强度虽有所降低,但扯断伸长率有显著提高,达到了730%;胶料剥离强度均超过标准要求。在经过70 ℃×168 h老化后,老化性能符合标准要求。

表8-17　HDR高阻尼隔震橡胶支座胶料剪切性能

配方编号	剪应变 γ	频率 F	剪切力 Q_1	剪切力 Q_2	位移 X_1	位移 X_2	椭圆面积	水平刚度 K_h	阻尼比 h_{eq}	剪切模量 E_0
G160-1	1	0.05	604.30	-515.00	5.00	-5.01	890	112.00	0.030 6	1.139
	1.75	0.05	1 039.00	-882.00	8.76	-8.81	2 500	109.00	0.037 2	1.114
	1	0.1	516.90	-437.00	4.99	-5.03	780	105.20	0.032 0	1.170
	1.75	0.1	983.40	-866.00	8.84	-8.85	2 240	105.00	0.033 6	1.065
G160-2	1	0.05	544.21	-458.48	4.99	-5.00	700	100.34	0.044 5	0.511
	1.75	0.05	1 036.24	-916.92	8.75	-8.78	2 020	111.41	0.047 6	0.567
	1	0.1	551.85	-472.79	4.99	-5.03	650	102.29	0.040 3	0.521
	1.75	0.1	1 038.29	-909.80	8.74	-8.76	1 860	111.30	0.044 7	0.567
G160-3	1	0.05	591.40	-496.00	5.00	-5.01	1 290	99.00	0.075 5	0.494
	1.75	0.05	920.40	-762.00	8.76	-8.74	3 430	96.10	0.074 2	0.489
	1	0.1	534.50	-429.00	5.00	-5.02	1 200	96.20	0.079 2	0.490
	1.75	0.1	934.80	-745.00	8.84	-8.80	3 400	95.20	0.073 1	0.485

从表8－17数据可以看出，G160－1的水平刚度和剪切模量都偏大，其剪切模量为1.1 MPa；G160－2配方在G160－1配方基础上，通过对炭黑和填料的调整，使得阻尼比提高了1%，而剪切模量降低到了0.5 MPa；G160－3配方在前两次试验的基础上，添加了一种橡胶改性剂，不仅使得水平刚度降低到了86 kN/m，同时等效阻尼比提高到7.5%，剪切模量降低到0.5 MPa左右，其原因是改性剂具有软化橡胶的作用，但又不会使橡胶的强度降低。

自2009年以来，我国的高阻尼隔震橡胶支座已分别在福银高速公路同心至沿川子改扩建工程、珠海机场高速公路、京台高速公路廊坊段、西安绕城高速改扩建项目、京藏高速公路呼包段、乌鲁木齐绕城高速公路、青海玉树灾后重建项目、十天高速公路、京港澳高速公路（河北段）改扩建工程、山东德商高速公路等三十余个重点工程项目中得到应用。

第九章　摩擦摆式隔震支座

第一节　概　　述

摩擦摆式减震、隔震支座是1985年由美国地震保护体系(EPS)公司研制而成,并首先用于房屋建筑结构上。摩擦摆式减免震支座的本质也是摩擦阻尼支座,但它是依靠两个曲面的摩擦来实现支座的正常功能。支座的下支座板是一个较大半径的凹球面,地震时支座中心部分的摆动球面板,沿下支座板的凹球面发生摆动位移,利用一个简单的钟摆机理延长下部结构的自振周期,以减小地震力的作用。同时,在地震时,摆动球面板沿下支座板摆动时,球面板的标高发生变化,使上部结构抬高,通过势能作功,达到消耗地震能的目的。支座的摆动球面板在地震后,将通过上部结构的自重自动复位。支座可以在任何方向滑动,其尺寸主要由最大设计地震位移控制。图9－1为摆锤式减隔震支座的构造图。

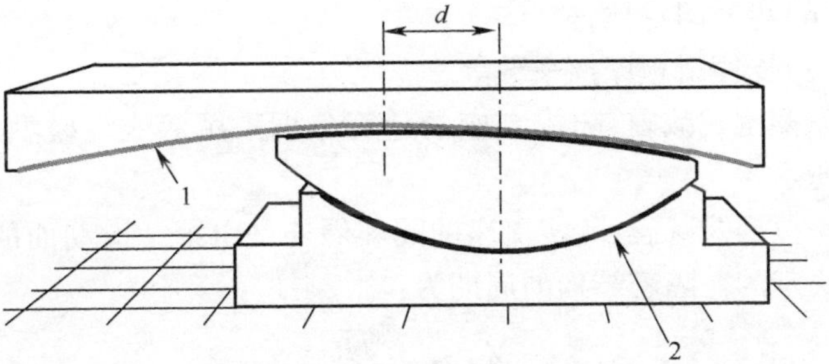

图9－1　摩擦摆式减震、隔震支座

1—第一滑动面;2—第二滑动面

该隔震装置的作用原理是比较简单的,桥面支承在可滑动的球形曲面上,当桥面与桥墩发生相对位移时,它就像钟摆一样运动。因此,任何一个水平运动都会产生一个重力的竖向提升,如忽略摩擦力,该体系的运动方程近似于一个质量相等的钟摆运动,钟摆长度为球面的曲率半径。通过改变支座球面的曲率半径,可以改变支座的摆动周期,达到预期的隔震周期。通过支座水平运动时重力的竖向提升,将动能转化为势能,消耗地震能量。地震后支座在重力作用下,具有一定的复位能力[124,25]。

目前,摩擦摆式减震、隔震支座已在房屋结构和桥梁工程中大量应用。

第二节　摩擦摆式减震、隔震支座设计基本参数

摩擦摆式减震、隔震支座的基本设计参数为:

(1)隔震周期;

(2)最大水平力;

(3)初始刚度 K_1;

(4)二次刚度 K_2(桥墩和摩擦摆式支座的串连刚度,当桥墩刚度远大于支座刚度时,取支座刚度);

(5)等效水平刚度;

(6)等效阻尼比;

(7)支座滑板摩擦系数等。

摩擦摆式减震、隔震支座的计算分析采用双线性模型,如图9-2所示。

摩擦摆式减震、隔震支座的隔震周期是由第一滑动面的曲率半径决定的。隔震结构的周期为:

$$T = 2\pi\sqrt{\frac{R}{g}}$$

式中　R——第一滑动面的曲率半径。

摩擦摆式减震、隔震支座的最大水平力为:

$$F = \frac{W}{R}D + \mu W(\mathrm{sgn}D)$$

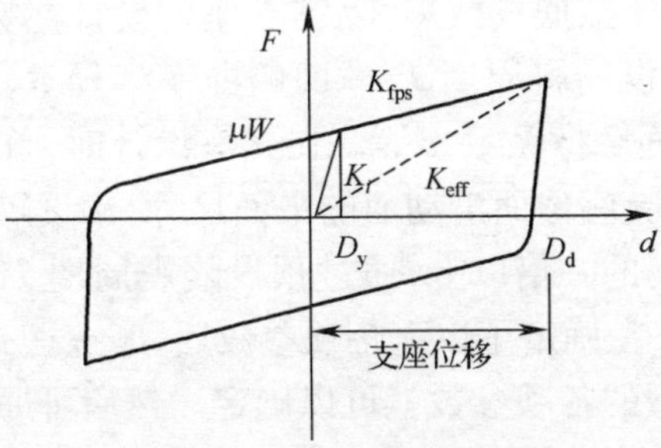

图 9 - 2　摩擦摆式减震、隔震支座双线性计算模型

式中　W——摩擦摆式减震、隔震支座承受的荷载；

D——水平位移；

μ——摩擦系数。

可见，摩擦摆式减震、隔震支座的最大水平力与支座的位移和摩擦系数有关，通过改变支座滑动面的摩擦系数，可以调整支座承受的地震水平力。

摩擦摆式减震、隔震支座的初始刚度 K_1，根据美国的经验，可取 2.5 mm 位移时的等效刚度。

摩擦摆式减震、隔震支座的等效刚度为：$K_{eff}=\dfrac{W}{R}+\mu\dfrac{W}{D}$。

可见，摩擦摆式减震、隔震支座的等效刚度与支座第一滑动面的曲率半径 R、滑动摩擦系数 μ 和滑动位移 D 相关。

摩擦摆式减震、隔震支座的等效阻尼比为：

$$\beta_{eff}=\frac{4\mu WD}{2\pi D\left[\left(\frac{W}{R}\right)D+\mu W\right]}=\frac{2}{\pi}\frac{\mu}{D/R+\mu}$$

也是与支座第一滑动面的曲率半径 R、滑动摩擦系数 μ 和滑动位移 D 相关的。

摩擦摆式减震、隔震支座的二次刚度 K_2 为：$K_2=\dfrac{W}{R}$。

支座双线性模型与竖座标的交点为摩擦摆式减震、隔震支座所需克服的摩擦力 $\mu \cdot W$。

由上可见，摩擦摆式减震、隔震支座的设计参数主要有：支座竖向反力 W、预设隔震周期 T、球面的曲率半径 R、支座最大地震位移 D 和滑动面摩擦系数 μ 等。在支座设计时，首先根据支座竖向反力 W，确定支座球面滑动面的平面尺寸，预设隔震周期 T 通常为结构自振周期的一倍以上，通过预设隔震周期 T 可以计算球面的曲率半径 R。在确定了以上各项参数后，摩擦摆式减震、隔震支座的双线性模型的各项参数就可以确定。然后可通过时程分析计算桥梁的地震响应，计算出作用于下部结构的地震力和地震位移，必要时对支座的设计参数进行调整。目前在美国通用结构有限元分析程序 SPA2000 和 ETABS 中，专门提供了模拟摩擦摆动支座的非线性连接单元，可用于摩擦摆式支座的地震分析。

通常摩擦摆式减震、隔震支座的球面曲率半径取 2 ~4 m，相应的支座隔震周期为 2.5 ~4.0 s。

摩擦摆式减震、隔震支座所用的滑动摩擦材料，国内常用聚四氟乙烯板或改性超高分子量聚乙烯板，与不锈钢板或镀铬钢板组成活动摩擦副。德国 MAURER 公司 2001 年推出了三种由改性超高分子量聚乙烯制成的滑动摩擦材料用于摩擦摆式减震、隔震支座[26]。

(1) MSM - 0.5——在环境温度、设计应力下的平均摩擦系数为 0.5%，快速滑动时摩擦系数为 4%；

(2) MSM - 5——在环境温度、设计应力下的平均摩擦系数为 5%，快速滑动时摩擦系数为 9%；

(3) MSM - 9——在环境温度、设计应力下的平均摩擦系数为 9%，快速滑动时摩擦系数为 11%。

美国则采用 EPS（地震保护系统）公司的专利高强度低摩擦自润滑滑动摩擦材料。该材料称为 Fluorogold，是一种填充玻璃纤维的聚四氟乙烯材料。

摩擦摆式减震、隔震支座结构件所用的材料，国内以铸钢件为主。下支座板常常采用 ZG270 - 500 或耐候铸钢，球冠板采用铸钢件或 Q345 钢板加工，表面镀硬铬或包覆不锈钢板，不锈钢板的厚度一般为 2 ~3 mm，摆座采用铸钢凹面镀硬铬或包覆不锈钢板。

但由于不锈钢板厚度偏薄(2 ~ 3 mm),周边焊缝强度不足,在快速滑动时随摩擦系数的增大,易发生焊缝撕开。图 9 - 3 为某摩擦摆式减震、隔震支座在快速滑动(8 mm/s)过程中发生凹球面不锈钢板焊缝撕开的状况。

图 9 - 3　某摩擦摆式减震、隔震支座在快速滑动过程中发生凹球面不锈钢板焊缝撕开

为防止摩擦摆式减震、隔震支座在快速滑动过程中发生凹球面不锈钢板焊缝撕开的情况,美国在摩擦摆式减震、隔震支座上采用的不锈钢板厚度为 4.5 ~ 6.5 mm。美国摩擦摆式减震、隔震支座采用的材料见表 9 - 1[25]。

表 9 - 1　美国摩擦摆式减震、隔震支座采用的材料

部位	材　料	性能要求
凹球面	球墨铸铁 ASTM A536 钢板 ASTM A36,A50	σ_b = 415 MPa, σ_s = 275 MPa, δ = 12%
球冠板	不锈钢 ASTM A240,TYPE316 经抛光处理滑动面	σ_b = 415 MPa, σ_s = 275 MPa, 最小厚度 = 4.5 mm
不锈钢凹面层	不锈钢 ASTM A240,TYPE316 经抛光处理滑动面	σ_b = 415 MPa, σ_s = 275 MPa, 最小厚度 = 6.5 mm
下支座板	铸造材料,等级 804	σ_b = 415 MPa, σ_s = 275 MPa, δ = 18%
复合滑动材料	高强度低摩擦自润滑滑动摩擦材料	EPS(地震保护系统)公司的专利产品

摩擦摆式隔震支座与铅芯橡胶支座和高阻尼橡胶支座的性能相比较，摩擦摆式隔震支座从承载能力、位移能力、温度适用范围、耐老化性能等多个方面，都具备许多优良的特性，且结构尺寸相应较小，可节省经费。几种支座的性能对比见表9－2。

表9－2　摩擦摆动支座与铅芯橡胶支座、高阻尼橡胶支座性能对比

对比项目	铅芯橡胶支座和高阻尼橡胶支座	摩擦摆动支座
垂直载荷	50 t～200 t	2 000 t以上
侧向位移	—	可达1.5 m以上
垂直压缩	存在	无垂直压缩
倾倒	安有防倾倒装置	自带限位装置防倾倒
防火	需防火	无需防火
使用温度	不能太低，橡胶变硬	无需考虑
周期计算	不稳定	周期固定
老化	存在老化问题	无需考虑

摩擦摆式减震、隔震支座自20世纪80年代以来，由于其具有结构尺寸较小和可以控制结构隔震周期等优点，因此在世界各地广泛应用。同时各国学者仍在不断地进行研究完善，目前大量的工作，着重于新型摩擦材料的研究。美国、德国和意大利的学者进行了众多的试验研究，先后采用的滑动摩擦材料有聚四氟乙烯（PTFE）、改性超高分子量聚乙烯（MSM、XLEID）和填充聚四氟乙烯（Fluorogold）等。

美国学者Edward Power，Nima Ala，Azizinamini对聚四氟乙烯（PTFE）、改性超高分子量聚乙烯（MSM）和填充聚四氟乙烯（Fluorogold）的磨耗性能进行了试验研究[27]。试验分别采用PTFE、MSM和Fluorogold三种材料，Fluorogold是一种填充玻璃纤维的聚四氟乙烯材料。试验条件和结果见表9－3。

表 9－3　几种滑动摩擦材料的耐磨耗性能对比表

试样	润滑条件	试件尺寸(mm)	对摩件	压应力(MPa)	摩擦速度(mm/s)	往复行程(mm)	循环次数	累计滑动距离(km)	摩擦系数
PTFE	无	φ76,厚6,嵌入3	304不锈钢,#8级粗糙度	20.7	10.58	±25.5	24 000	2.4	静7%～9%;动5%～6%
MSM	硅脂	φ76,厚8,嵌入5		20.7	10.58	±25.5	200 000	20.9	润滑1%～2%;无润滑静10%～17%,动8.5%～10%
Fluorogold	无	φ76,厚2.4,粘贴		20.7	10.58	±25.5	730 000	74	静7%～9%;动6%～6.5%

试验表明,MSM 和 Fluorogold 两种材料可以比传统的 PTFE 材料具有较好的耐磨性能,在滑动表面经受较高的滑动速度和压应力时,可以提高使用寿命。

在高滑动速度和压应力之下,PTFE 的磨耗较大,在经过 3.2 km的滑动后,厚度损失达80%。MSM 材料在滑动后试样的厚度损失为 10%,但在超过 20.9 km 累计滑动行程后的附加厚度损失仅有约 10%。Fluorogold 表现出最好的耐磨性能,在给定的压力和速度下,几乎没有磨耗,在更高的速度下,才开始显示有磨耗的迹象。

Fluorogold 的摩擦系数略高于 PTFE。Fluorogold 的耐磨耗性能最好,在未润滑条件下,具有相对较低的摩擦系数。

未润滑的 MSM 摩擦系数高于 PTFE,然而润滑的 MSM 的摩擦系数较低。

图 9－4 为三种材料试验前后的磨耗状况。图 9－5 为三种材料试验中摩擦距离与厚度损失的百分比的关系。

意大利学者 Virginio Quaglini 和 Paolo Dubini 对用于摩擦摆式隔震支座的滑动摩擦材料的摩擦与磨耗性能进行了大量试验[28],试验主要针对用于建筑的滑动材料 A 和用于桥梁的滑动材料 B,分别进行了试件和实体支座的摩擦试验。试验参照美国 AASHTO

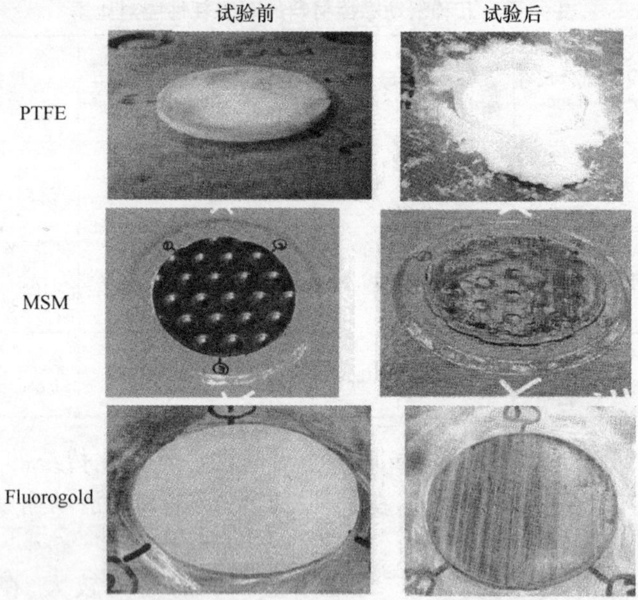

图 9 – 4　三种材料试验前后的磨耗状况

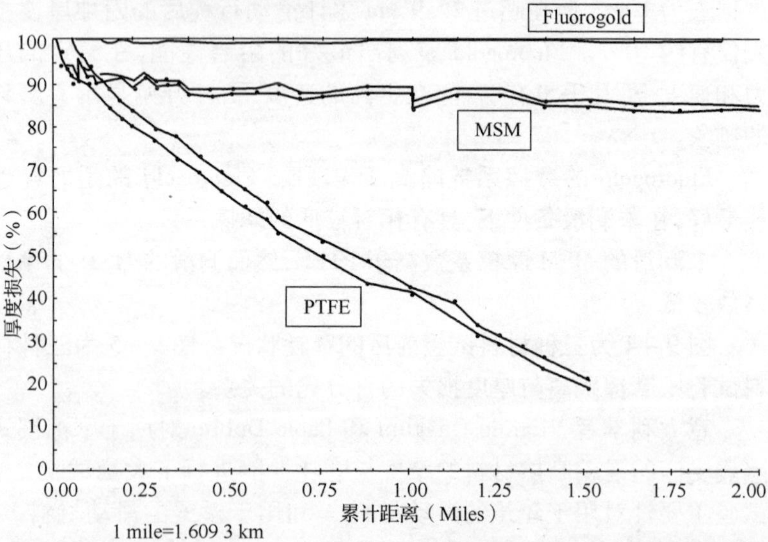

图 9 – 5　三种材料试验中摩擦距离与厚度损失的百分比的关系

《地震隔震设计指南》和欧标 EN 15129《隔震装置》的规定进行。使用条件和试验要求见表 9－4 和表 9－5。

表 9－4　地震隔震装置的典型使用条件

特性	限值范围
压应力	20～60 MPa
滑动速度，使用状态	1～50 mm/s
滑动速度，地震状态	200～1 000 mm/s
环境温度	－50 ℃～50 ℃
使用年限	50 年
振动周期	2～5 s
位移幅值	200～1 000 mm

表 9－5　评估支座产品的试验要求

试验	T(℃)	P(压应力)	波形	v(mm/s)	循环次数
温度	T_u～21～T_L	Min，Max	正弦波	0.5～1.0	40
使用状态	21	Min，Max		1	5
	21	Min，Max		10	20
	21	Min，Max		25	40
	21	Min，Max		50	40
地震状态	21	Max		50	3
	21	Max		100	3
	21	Max		150	3
	21	Max		200	3
	21	Max		250	3
能力试验	21	Max		200	20
磨耗	21	Max		≥2	n_{tot}
温度	T_u～21～T_L	Min，Max		0.5～1.0	100

注：n_{tot} 为预期支座使用寿命中滑动总次数，T_u 为使用温度上限，T_L 为使用温度下限。

根据上述要求，分别对滑动材料 A 和 B 的试样（ϕ75 mm）和实体支座（材料 A，9 100 kN，材料 B，1 473 kN）进行试验。见表 9－6、表 9－7 和表 9－8。

表 9－6　两种滑动摩擦材料的试件试验条件

参　数		限值范围	
		材料 A	材料 B
最大设计应力（MPa）	Max	40	30
最小设计应力（MPa）	Min	20	20
使用温度上限（℃）	℃	+50	+35
使用温度下限（℃）	℃	－10	－35
总滑动距离（m）	m	50	1 600

表 9－7　采用滑动摩擦材料 A 的支座试验条件

试验	N（kN）	位移 d（mm）	频率 F（Hz）	波形	速度 v（mm/s）	循环次数
使用状态	9 100	250	0.001 5	三角波	1.5	3
地震状态	9 100	62.6	0.2	正弦波	50	3
	9 100	125	0.2		100	3
	9 100	250	0.2		200	3
能力试验	9 100	250	0.2		200	18
超载试验	9 100	500	0.2		400	3

表 9－8　采用滑动摩擦材料 B 的支座试验条件

试验	N（kN）	位移 d（mm）	频率 F（Hz）	波形	速度 v（mm/s）	循环次数
使用状态	1 473	125	0.002	三角波	1	3
地震状态	1 473	62.5	0.25	正弦波	62.5	3
	1 473	125	0.25		125	3
	1 473	250	0.25		200	3
能力试验	1 473	250	0.25		200	20
超载试验	1 473	500	0.5		500	3

可见,摩擦摆式减震、隔震支座用滑动摩擦材料的主要影响因素有环境温度、滑动速度、累计滑动距离等。下面介绍两种滑动摩擦材料的试验结果。

1. 环境温度对滑动摩擦系数的影响

图 9 - 6 为环境温度与滑动材料摩擦系数的关系图,由图9 - 6可见,摩擦系数随环境温度的降低而增加,随环境温度的增加而降低,而与试件的压应力关系不大。滑动摩擦材料 A 在环境温度降

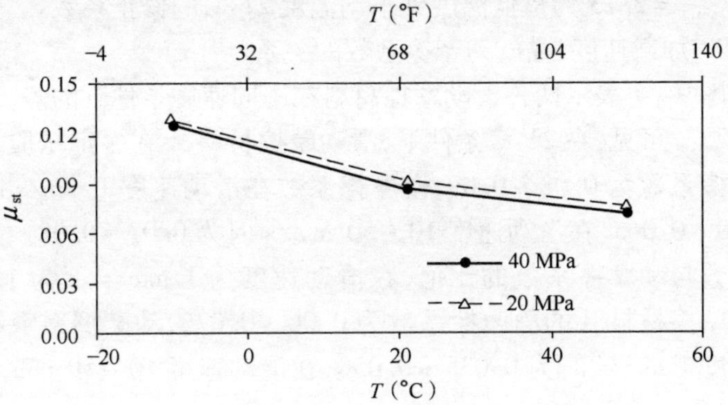

（a）滑动摩擦材料A

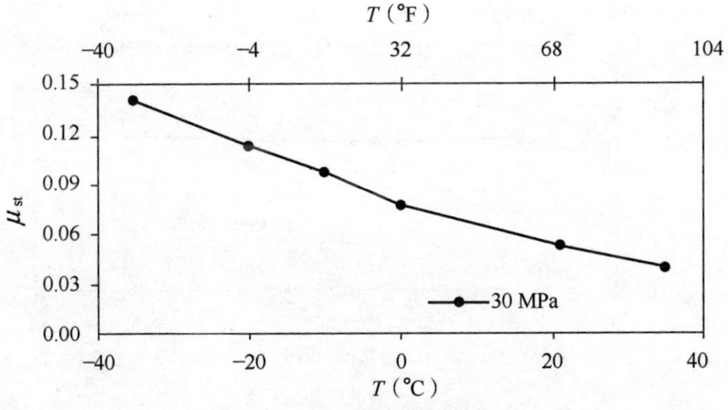

（b）滑动摩擦材料B

图 9 - 6　环境温度对最大摩擦系数的影响

低时，摩擦系数的增加率约为0.12%/℃，在环境温度升高时，摩擦系数的降低率约为0.05%/℃。环境温度的影响可以通过修正系数$\lambda_{max,T}$和$\lambda_{min,T}$来表示，$\lambda_{max,T}=0.84$为最高温度到平均温度21 ℃的修正系数，$\lambda_{min,T}=1.45$为最低温度到平均温度21 ℃的修正系数。滑动摩擦材料B在环境温度降低时，摩擦系数的增加率约为0.16%/℃，在环境温度升高时，摩擦系数的降低率约为0.09%/℃。$\lambda_{max,T}=0.75$为最高温度到平均温度21 ℃的修正系数，$\lambda_{min,T}=2.73$为最低温度到平均温度21 ℃的修正系数。

2. 加载速度与静、动摩擦系数的关系

图9－7表示两种滑动摩擦材料在不同速度条件下的静、动摩擦系数。可见，在21 ℃条件下，滑动摩擦材料A在一定压应力下静摩擦系数为0.08～0.09，动摩擦系数在滑动速度1 mm/s时为0.060～0.065，在滑动速度10～50 mm/s时为0.07～0.08。静摩擦系数与动摩擦系数的比值，在滑动速度为1 mm/s下为1.27。滑动摩擦材料B的静摩擦系数为0.06～0.075，动摩擦系数在滑动速度1 mm/s时为0.035～0.050，在滑动速度10～50 mm/s时为0.07～0.10。

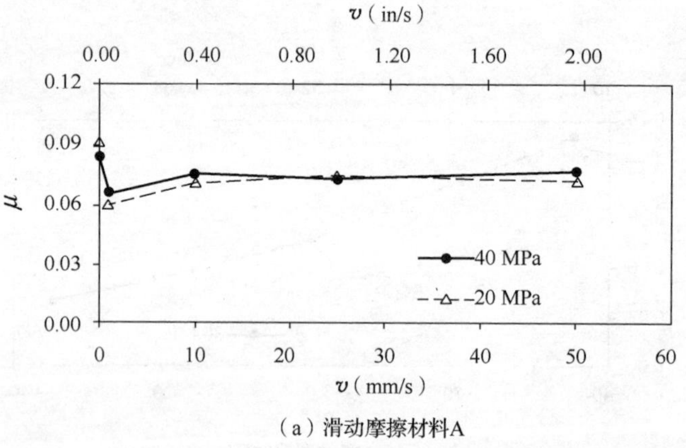

（a）滑动摩擦材料A

图 9－7

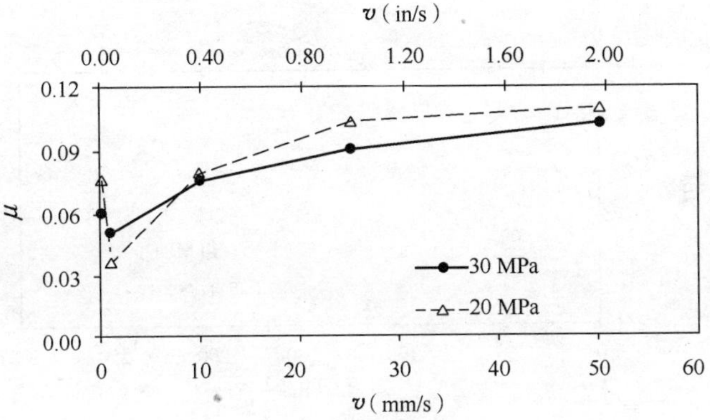

（b）滑动摩擦材料B

图 9－7　在使用状态下滑动速度对静、动摩擦系数的影响

滑动摩擦材料 B 在 20 MPa 压应力下静摩擦系数为 0. 077，在 30 MPa 压应力下静摩擦系数为 0. 061，动摩擦系数在 30 MPa、滑动速度 1 mm/s 时为 0. 051，在滑动速度 10～50 mm/s 时为 0. 103，在 20 MPa 压应力下、滑动速度 50 mm/s 时为 0. 11。静摩擦系数与动摩擦系数的比值，在滑动速度为 1 mm/s 下，压应力 20 MPa 时为 2. 1，压应力 30 MPa 时为 1. 2。

3. 动摩擦系数与加载速度的关系

图 9－8 表示动摩擦系数与加载速度的关系。滑动摩擦材料 A 在 40 MPa 压应力、21 ℃下，在克服静摩擦后，摩擦系数逐渐下降，在速度 $v=100$ mm/s 时下降到 0. 06，以后速度继续增加直到 $v=260$ mm/s，动摩擦系数基本保持不变。当速度增加超过 250% 时，摩擦系数的最大变化约 －28%。其相对关系可以用下式表示：

$$\mu_{dyn}=\mu_{hv}-(\mu_{hv}-\mu_{lv})\cdot\exp(-\alpha\cdot v)$$

式中　μ_{dyn}——动摩擦系数；

μ_{hv}——高速度下的摩擦系数，$\mu_{hv}=0.060$；

μ_{lv}——低速度下的摩擦系数，$\mu_{lv}=0.085$；

$\alpha=0.035$。

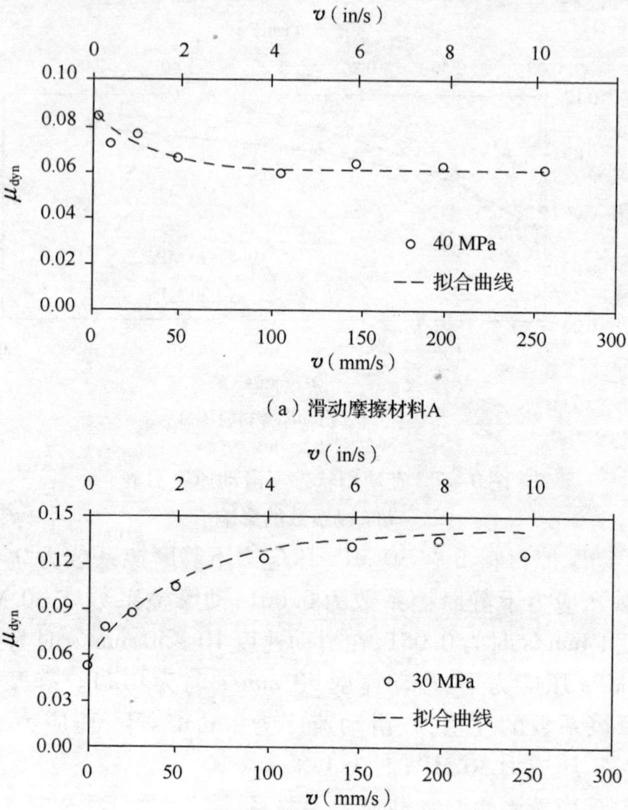

(a) 滑动摩擦材料A

(b) 滑动摩擦材料B

图 9 - 8　动摩擦系数与速度的关系

滑动摩擦材料 B 在 30 MPa 压应力、21 ℃下,在克服静摩擦后,摩擦系数随速度增加而增加,在速度 $v = 50$ mm/s 时增加到 0.10,在速度 $v = 200$ mm/s 时增加到 0.13,从速度由 1 mm/s 增加到250 mm/s, 动摩擦系数增加为 + 260%。表达式还可以用$\mu_{dyn} = \mu_{hv} - (\mu_{hv} - \mu_{lv}) \cdot \exp(-\alpha \cdot v)$,但式中 $\mu_{hv} = 0.140$, $\mu_{lv} = 0.051$, $\alpha = 0.02$ 。

4. 摩擦系数与重复加载次数的关系

图 9 - 9 表示滑动摩擦材料 A 在 $v = 200$ mm/s、± 75 mm、20

次重复加载后，摩擦系数的变化情况。摩擦系数初始下降后，约在10 次循环后趋于稳定，摩擦系数下降约 -32% 。摩擦系数的下降是由于摩擦过程中温度升高的结果。滑动摩擦材料 B 在 10 次循环加载后摩擦系数下降约 -22% ，在 20 次循环加载后摩擦系数下降约 -35% 。

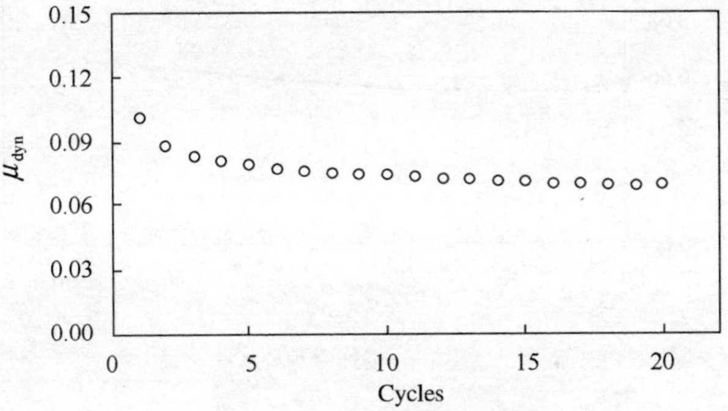

（a）滑动摩擦材料A

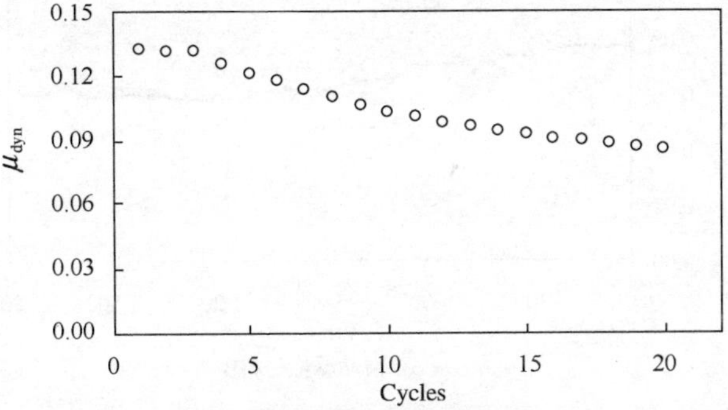

（b）滑动摩擦材料B

图 9 -9　速度 v = 200 mm/s 下重复循环加载后动摩擦系数的变化

5. 摩擦系数与累计滑动距离的关系

图 9 -10 表示摩擦系数与累计滑动距离的关系。滑动摩擦材料 A 的试验应力为 63 MPa，是使用应力的 1.5 倍，滑动摩擦速度 v = 20 mm/s，累计滑动距离为 50 m，动摩擦系数为 0.067。滑动摩

擦材料 B 按 AASHTO 要求,滑动摩擦速度 $v = 20$ mm/s,累计滑动距离为 1 600 m,初始摩擦系数为 0.078,在 1 200 m 后稳定到动摩擦系数为 0.060。

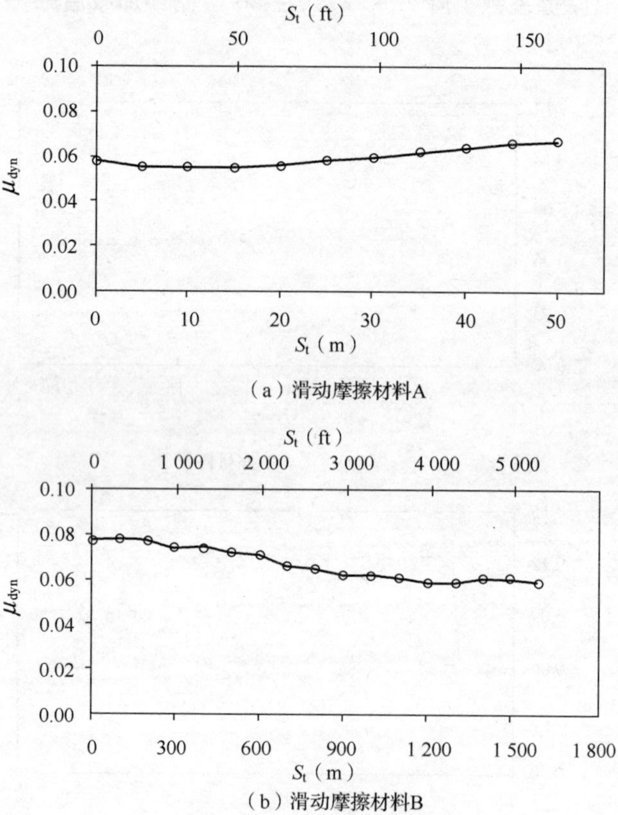

图 9－10 最大摩擦系数与累计滑动距离的关系

通过以上大量试验,最终确定两种滑动摩擦材料的动摩擦系数如下:

滑动摩擦材料 A:在滑动速度直至 250 mm/s 条件下,在常温到高温段的动摩擦系数取 0.07 ± 20%,在常温到 －10 ℃段,摩擦系数的温度修正系数为 $\lambda_{\min,T} = 1.45$。

滑动摩擦材料 B:滑动摩擦系数受滑动速度的影响很大,在常温到高温段的动摩擦系数可以由公式 $\mu_{dyn}=\mu_{hv}-(\mu_{hv}-\mu_{lv})\cdot\exp(-\alpha\cdot v)$ 求出,误差取 ±20% ,在常温到 -35 ℃段,摩擦系数的温度修正系数为 $\lambda_{min,T}=2.73$。

试验还分别进行了由滑动摩擦材料 A 和 B 制成的实体支座的摩擦性能试验,试验结果与小试件的结果比较见表 9-9 和表 9-10。试验结果表明,实体支座的动摩擦系数与小试样的试验结果很接近。

本次试验中静摩擦系数 μ_{st},为试件开始滑动时的水平抗力与垂直荷载之比。动摩擦系数由每次循环加载滞回曲线包络面积 A,按下式计算:

$$\mu_{dyn}=\frac{A}{4\cdot N\cdot d_b}$$

式中 N——垂直荷载;

d_b——每次循环的最大位移。

表 9-9 滑动摩擦材料 A 大、小试件动摩擦系数对比表

试验条件	特 性	计 算	结 果	
			小试件	大试件(支座)
使用状态	静摩擦系数	μ_{st}	0.084	
	动摩擦系数	μ_{dyn}	0.066	0.055
	静/动	μ_{st}/μ_{dyn}	1.27	1.26
地震状态	动摩擦系数	μ_{dyn}	0.060	0.065
	摩擦系数随摩擦循环次数变化(%)	$\frac{\mu_3-\mu_1}{\mu_1}$	-17.8	-13.6
		$\frac{\mu_{10}-\mu_1}{\mu_1}$	-26.7	-26.7
		$\frac{\mu_{18}-\mu_1}{\mu_1}$	-31.7	-30.4

表 9-10　滑动摩擦材料 B 大、小试件动摩擦系数对比表

试验条件	特　性	计　算	结　果	
			小试件	大试件(支座)
使用状态	静摩擦系数	μ_{st}	0.061	
	动摩擦系数	μ_{dyn}	0.051	0.042
	静/动	μ_{st}/μ_{dyn}	1.20	1.50
地震状态	动摩擦系数	μ_{dyn}	0.124	0.108
	摩擦系数随摩擦循环次数变化(%)	$\frac{\mu_3-\mu_1}{\mu_1}$	-0.7	-19.9
		$\frac{\mu_{10}-\mu_1}{\mu_1}$	-22.4	-28.6
		$\frac{\mu_{18}-\mu_1}{\mu_1}$	-35.4	-37.9

综上所述,影响摩擦摆式隔震支座性能的关键因素是球面半径和滑动材料的动摩擦系数。球面半径可以通过所需支座的隔震周期来确定,而动摩擦系数则取决于滑动摩擦材料的特性。因此,目前大量的研究工作在于滑动摩擦材料的开发,研究一种既耐磨又可控制摩擦系数的滑动材料,国外众多学者都在从事这方面的研究。

第三节　摩擦摆式减震、隔震支座的结构形式

目前摩擦摆式减震、隔震支座已经用于房屋结构和一些桥梁结构上,但由于摩擦摆式减震、隔震支座在发生支座位移时,都伴随着引起支座高度的变化,因此,在大跨度长联连续梁上使用时,由于支座在各个桥墩上的温度位移各不相同,会引起各支点的高程变化,产生支座的附加应力,因此,新西兰的学者认为,该支座可能将局限于小或中等重量的特殊部件的隔震。日本学者则认为该支座的实用化尚存在许多待研究的问题。目前,苏通长江大桥上采用了摩擦摆式减震、隔震支座,但该支座在顺桥向采用柱面形式(为克服支座正常位移时球面的高程变化),因此该支座只能在横桥向起到摩擦摆式减震、隔震支座的作用,而在顺桥向起不了减震、隔震的作用。

为了克服摩擦摆式减震、隔震支座的上述缺点，可以在普通盆式橡胶支座和球型支座的基础上，设置一个摆锤式座板，设计成摩擦摆式盆式橡胶隔震支座和摩擦摆式球型隔震支座，详见图9－11和图9－12所示。

摩擦摆锤式盆式橡胶减震支座是在普通盆式橡胶支座的底部设置一个球面的摩擦摆锤式减震、隔震底座，来实现桥梁支座的减震、隔震功能。图9－11为摩擦摆锤式盆式橡胶减震、隔震支座的构造图。

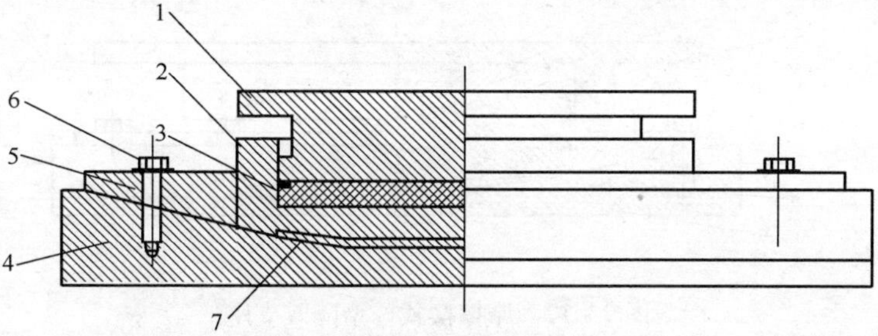

图9－11　摩擦摆式盆式橡胶隔震支座

1—上支座板；2—支座底盆；3—承压橡胶板；4—球面或柱面底座；

5—限位挡块；6—剪力螺栓；7—聚四氟乙烯滑板

在正常使用条件下，摩擦摆锤式盆式橡胶减震支座（以下简称摩擦摆锤式减震支座）上的限位挡块5和剪力螺栓6，将盆式橡胶支座的底盆2固定住，支座在底座4处被约束住，使支座完全呈盆式橡胶固定支座的状态，满足支座正常使用的要求。在发生地震时，当地震水平力超过一定的限值（通常取支座竖向承载力的20%）时，固定限位挡块5和剪力螺栓6被剪断，支座将沿底座4的凹球面摆动，形成在聚四氟乙烯滑板7表面滑动的一个摩擦摆锤式减震支座。此时盆式橡胶支座部分沿底座4的凹球面发生摆动位移，利用简单的钟摆原理延长结构的自振周期，以减小地震力对下部结构的作用。同时在地震时，盆式橡胶支座部分沿底座4摆动时，支座标高发生变化，使上部结构提升，通过势能作功。地震后，在上部结构的自重的作用下，可以实现支座的自动复位。底座可以制成球面形式,可以沿任何方向滑动,实现支座的双向减震、隔震。底座也可以制成柱面形式,使支座只能沿柱面方向滑动,实现单向减震、隔震。

同样的方式,在普通球形支座的下面设置一个摩擦摆式底座,可以设计成摩擦摆式球形隔震支座,见图 9 – 12。

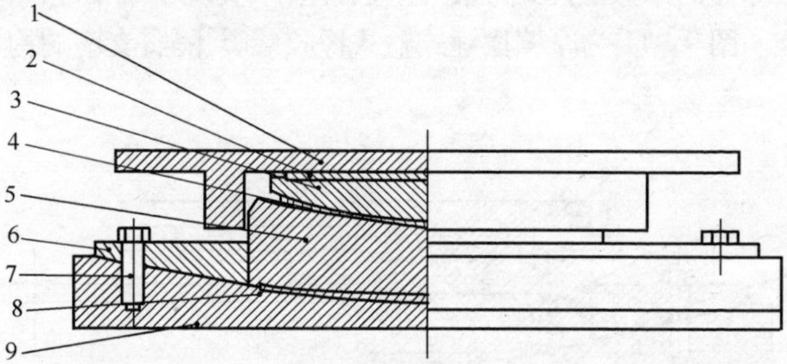

图 9 – 12　摩擦摆式球型隔震支座

1—上座板;2—平面耐磨板;3—球冠衬板;4—球面耐磨板;5—减震球摆;6—减震挡块;7—减震螺栓;8—球面四氟滑板;9—减震、隔震球凹底座

摩擦摆锤式减震支座从摆锤的设置形式可以区分为三种:平面式(摆锤半径无穷大)、单摆式和双摆式。图 9 – 13 为三种摩擦摆式支座的形式[26]。

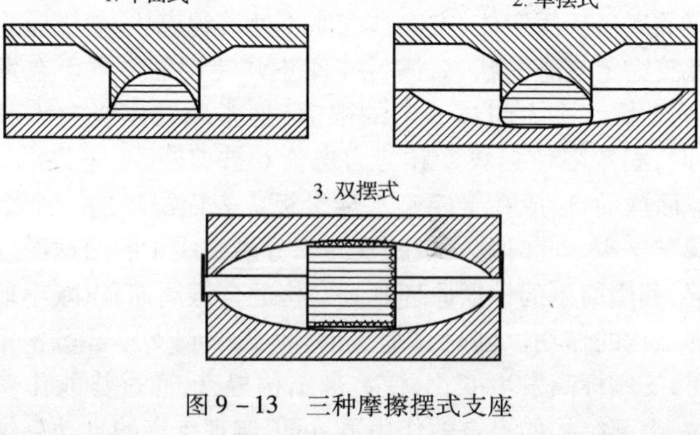

图 9 – 13　三种摩擦摆式支座

平面式摩擦摆式支座实质上是一种平面摩擦支座,它通过摩擦阻尼耗能,无法通过支座抬高的势能耗能,支座也没有复位功能。

为了具有良好的隔震功能,支座可能发生的地震位移较大,因此支座摆式底座较大,为了减小支座的平面尺寸,常常可以分别在支座的顶、底面均设置摆式底座,设计成双摆锤式摩擦摆式支座,支座的容许地震位移将为上下摆座位移之和,从而可以减小支座的总体尺寸,该支座的结构见图 9-14。

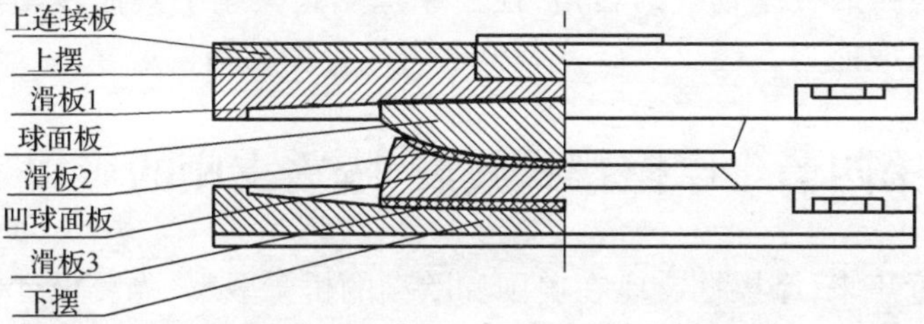

图 9-14　双滑动面摩擦摆式隔震支座

目前双摆动面摩擦摆式隔震支座已由成都新筑股份有限公司研制,并在重庆交通科学研究院控制中心,参照欧洲标准 EN 15129—2009《隔震装置》的要求,进行了较系统的试验,并已和设计单位合作,将摩擦摆式隔震支座应用于新筑公司办公大楼的基础隔震上。

成都市新筑路桥机械股份有限公司办公大楼,为现浇钢筋混凝土框架结构,地上四层,地下一层,地下一层层高 3.9 m,一层层高 4.5 m,二、三层层高是 4.2 m,四层层高为 5.1 m,建筑总高度为 18 m。该建筑为新建房屋,在一层楼地面以下布置减震、隔震支座,以降低上部结构地震作用,最大限度地增加结构以及人员的安全度。原设计采用铅芯橡胶支座(LRB),经进一步比选,决定采用双摆动面摩擦摆式隔震支座。

目前,我国摩擦摆式隔震支座在设计理论上基本完善,通过有限元动力分析程序,采用双线性模型,可以对摩擦摆式隔震支座进行减震、隔震动力分析和时程分析,为减震、隔震支座的隔震效果提供了可靠的理论分析依据。但如同铅芯橡胶支座一样,国内对各类减震、隔震支座的性能检验设备能力尚存在不足，这正是我国减震、隔震支座的研发和生产单位急需投入和提高的关键。

我国摩擦摆式隔震支座在设计时，首先应计算拟隔震结构的自振周期，按隔震周期延长一倍以上初步确定球摆的曲率半径，设计摩擦摆式支座的各项参数，对桥梁结构进行在模拟地震波作用下的时程分析，得出隔震效果，并得出支座的地震最大位移，用以确定球形摆座的外径（考虑 1.5 倍的安全系数）。根据最大地震位移发生后支座轴线的转角，检验摩擦摆式支座中其他转动面的转角适应能力。经反复试算调整取得最合理的结构尺寸。

第四节　摩擦摆式减震、隔震支座的应用

近年来，摩擦摆支座在美国和欧洲的桥梁减震、隔震设计中也得到了广泛的应用。跨欧洲的土耳其 Bolu Viaduct 高速公路高架桥，在 1999 年 Duzce 地震（$M = 7.2$）中，原设计使用的钢屈服耗能装置和盆式橡胶支座在地震中严重破坏，震后采用 536 个摩擦摆支座进行加固。旧金山海湾地区的 Benicia-Martinez 桥在 1989 年 Loma Prieta 地震中遭受了严重破坏。震后该桥采用摩擦摆支座和阻尼器进行加固，它是目前世界上采用隔震技术进行改造的最大桥梁。加州福尔松的美洲河桥是目前世界上最大的新建隔震桥梁之一，该桥共安装了 48 个摩擦摆隔震支座。密西西比河上的 I-40 大桥，位于新马德里地震区的东南边界，采用了摩擦摆支座抗震加固。目前加州有几座桥梁上的摩擦摆隔震系统已经在频繁的地震中经受了考验，起到了良好的隔震效果。

为了解摩擦摆式减震、隔震支座的减震功能，以北京经海九路跨通惠排干渠桥为例[29]，进行了实桥分析，主要分析结果如下。

1. 工程概况

北京经海九路跨通惠排干渠桥上部结构为（37 + 2 × 48 + 37）m 连续钢箱梁，下部结构为柱式墩，桩基础。其立面布置如图 9 – 15 所示，钢箱梁截面如图 9 – 16 所示，下部结构如图 9 – 17 所示。

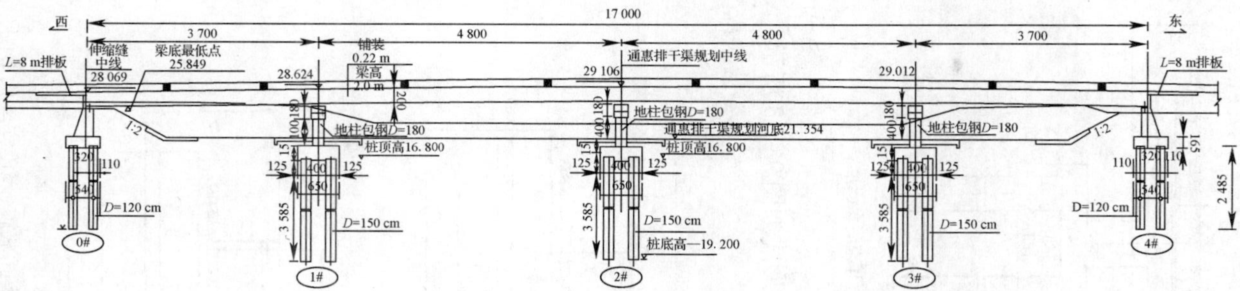

图 9－15　经海九路跨通惠排干渠桥(其余单位:mm)

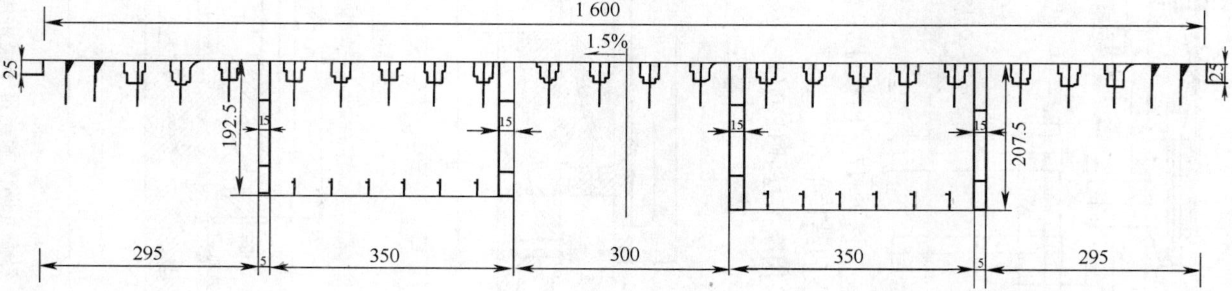

图 9－16　钢箱梁截面示意(单位:mm)

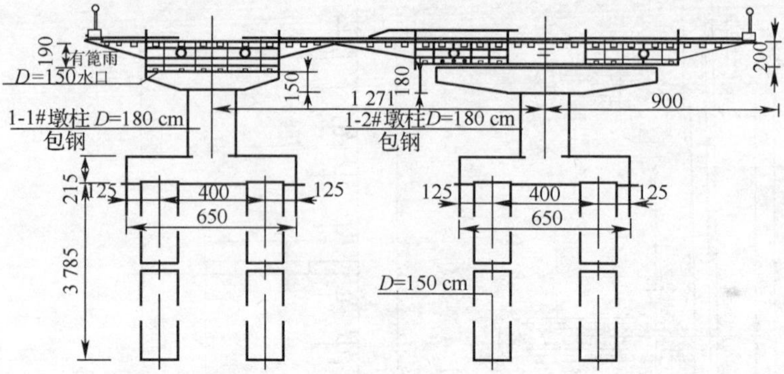

图 9－17　下部结构示意(其余单位:mm)

2. 支座的结构形式

支座采用摩擦摆式球型钢支座,结构形式如图 9－18 所示。

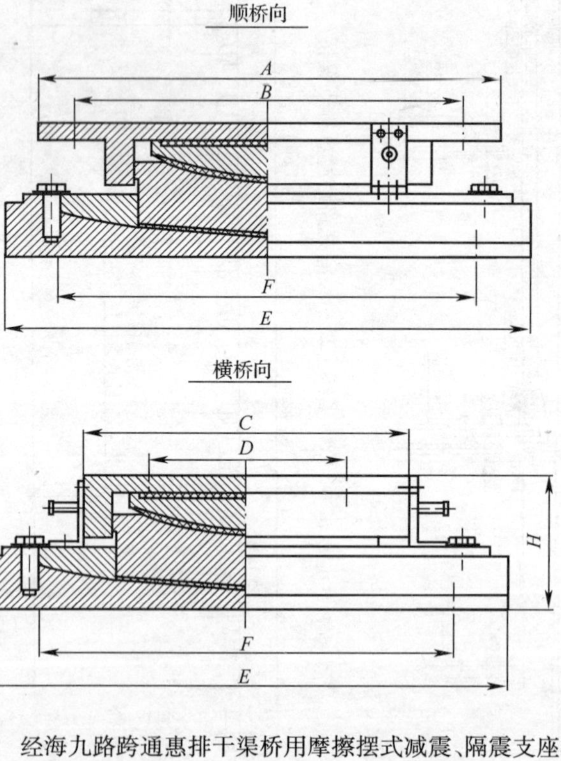

图 9－18　经海九路跨通惠排干渠桥用摩擦摆式减震、隔震支座构造图

3. 支座的布置方式

为比较经海九路跨通惠排干渠桥采用摩擦摆式减震、隔震支座的隔震效果，对改桥采用两种支座布置方式。

(1)经海九路跨通惠排干渠桥普通支座布置

0#与4#台为板式橡胶支座，1#与2#墩为次边墩，3#中墩采用盆式支座。总体布置及支座的平面布置如图9－19所示。

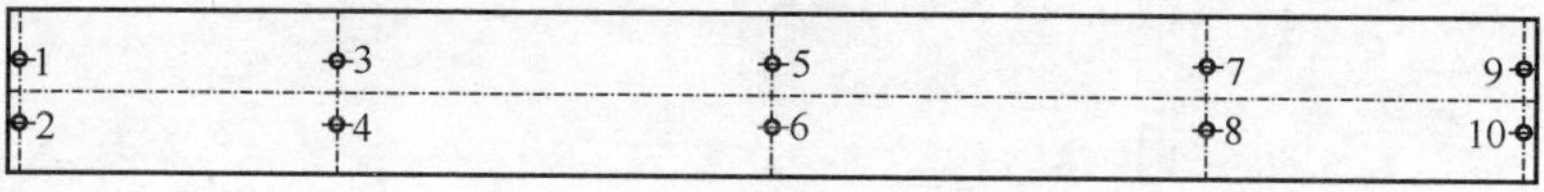

图9－19　普通支座平面布置

1—板式橡胶支座;2—板式橡胶支座;3—多向活动支座;4—纵向活动支座;
5—横向活动支座;6—固定支座;7—多向活动支座;
8—纵向活动支座;9—板式橡胶支座;10—板式橡胶支座

(2)经海九路跨通惠排干渠桥隔震设计方案

摩擦摆支座的平面布置如图9－20所示。

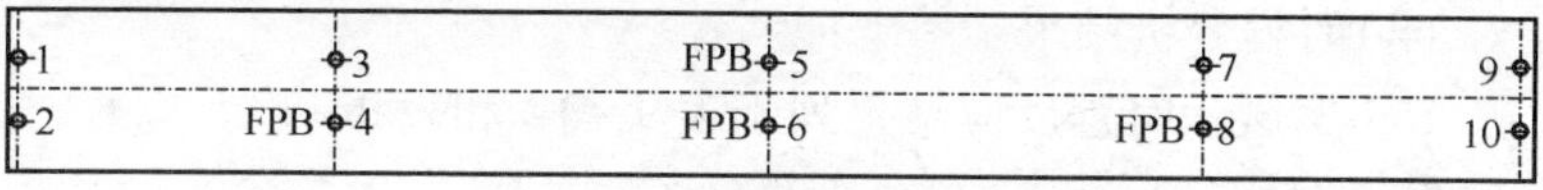

图9－20　隔震支座平面布置

1—板式橡胶支座;2—板式橡胶支座;3—多向活动支座;4—纵向活动 FPB;
5—横向活动 FPB; 6—固定 FPB;7—多向活动支座;8—纵向活动 FPB;
9—板式橡胶支座;10—板式橡胶支座

4. 自振特性分析

全桥有限元计算模型如图9－21所示，其自振周期及相应振型列于表9－11。

表9－11　自振特性一览表

模态号	频率(Hz)	周期(s)	振　型　描　述
1	1.00	1.00	中墩顺桥向弯曲振动
2	1.09	0.92	横桥向反对称弯曲振动
3	1.14	0.88	横桥向正对称弯曲振动
4	1.53	0.65	横桥向正对称弯曲振动
5	1.83	0.55	钢箱梁竖向反对称弯曲振动

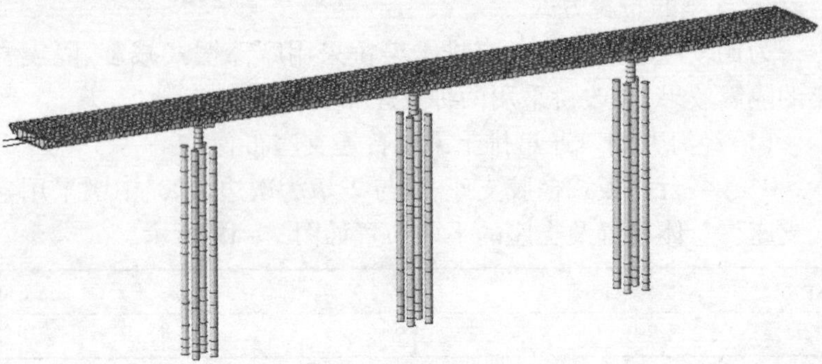

图 9－21　全桥有限元计算模型

5. 普通支座弹性时程反应分析

(1)输入地震动

计算时程反应分析时输入了 6 条地震波(WAVE-1 ~ WAVE-6)。

(2)时程分析结果

1# ~3#墩的时程反应结果列于表 9－12 和表 9－13。

表 9－12　顺桥向时程反应

墩号	时程反应	WAVE－1	WAVE－2	WAVE－3	WAVE－4	WAVE－5	WAVE－6
1#墩	墩顶位移(mm)	8	8	8	8	8	8
	支座水平力(kN)	239	228	241	226	246	252
	墩底弯矩(kN·m)	6 219	5 947	6 238	5 848	6 344	6 485
2#墩	墩顶位移(mm)	164	169	165	171	167	169
	支座水平力(kN)	11 213	11 609	11 301	11 739	11 493	11 546
	墩底弯矩(kN·m)	131 944	136 529	132 949	137 993	135 123	135 845
3#墩	墩顶位移(mm)	8	8	8	8	8	8
	支座水平力(kN)	239	228	241	226	246	252
	墩底弯矩(kN·m)	6 219	5 947	6 238	5 848	6 344	6 485

表 9－13 横桥向时程反应

墩号	时程反应	WAVE－1	WAVE－2	WAVE－3	WAVE－4	WAVE－5	WAVE－6
1#墩	墩顶位移(mm)	88	81	81	80	79	69
	支座水平力(kN)	2 842	2 414	1 974	2 629	2 257	2 721
	墩底弯矩(kN·m)	71 578	65 980	66 665	65 198	64 809	56 322
2#墩	墩顶位移(mm)	63	53	56	52	58	52
	支座水平力(kN)	6 065	5 761	5 134	5 963	5 259	5 963
	墩底弯矩(kN·m)	51 232	43 268	46 059	42 399	47 246	42 267
3#墩	墩顶位移(mm)	88	81	81	80	79	69
	支座水平力(kN)	2 842	2 414	1 974	2 629	2 257	2 721
	墩底弯矩(kN·m)	71 578	65 980	66 665	65 198	64 809	56 322

6. 摩擦摆支座隔震的非线性时程分析

(1)摩擦摆支座设计技术参数

摩擦摆支座的主要设计参数列于表 9－14。依据表 9－14 中的各参数进行摩擦摆支座的技术参数初步设计。

表 9－14 主要设计参数

最大支座竖向力 N (kN)	恒载支座竖向力 W (kN)	制动力 (kN)	第 1 周期 (s)
7 200	4 770	1 300	1

限滑动螺栓地震时的剪断力初步设计为 1.3 倍制动力,则 $F_y = 1.3 \times 1\ 300 = 1\ 690$ kN。取摩擦摆支座的曲率半径 $R = 1$ m,则支座的隔震周期 $T = 2\pi\sqrt{\dfrac{R}{g}} = 2$ s,为结构第 1 周期的 2 倍。摩擦摆支座的摆动刚度,$K_{fps} = W/R = 4\ 770$ kN/m。非线性分析中取初始刚度 K_i 为桥墩刚度的 10 倍。$K_i = 7.683 \times 10^6$ kN/m,$D_y = F_y/K_i = 2.23 \times 10^{-4}$ m。

取静摩擦系数为 0.05,支座滑动面上的摩擦力为:$0.05 \times 4\ 770 = 239$ kN。限滑螺栓提供的抗滑力为:1 451 kN。

(2)摩擦摆支座隔震非线性时程分结果

非线性时程反应结果列于表 9－15、表 9－16。

表 9－15　顺桥向时程反应

截面		时程反应	WAVE－1	WAVE－2	WAVE－3	WAVE－4	WAVE－5	WAVE－6
2#墩	支座	位移(mm)	72	67	81	63	51	68
	墩顶	位移(mm)	64	71	67	61	69	69
	支座	水平力(kN)	4 382	4 879	4 576	4 165	4 755	4 738
	墩底	弯矩(kN·m)	51 629	57 445	53 861	49 009	55 924	55 704

表 9－16　横桥向时程反应

截面		时程反应	WAVE－1	WAVE－2	WAVE－3	WAVE－4	WAVE－5	WAVE－6
1#墩	支座	位移(mm)	43	39	52	43	43	40
	墩顶	位移(mm)	36	37	41	36	42	41
	支座	水平力(kN)	4 119	4 042	4 359	4 009	4 515	4 489
	墩底	弯矩(kN·m)	29 725	30 206	33 825	29 636	34 622	33 216
2#墩	支座	位移(mm)	28	18	29	20	22	16
	墩顶	位移(mm)	39	32	36	35	37	38
	支座	水平力(kN)	3 415	2 844	2 819	3 521	2 964	3 540
	墩底	弯矩(kN·m)	31 451	26 369	29 775	28 639	30 489	31 179
3#墩	支座	位移(mm)	43	39	52	43	43	40
	墩顶	位移(mm)	36	37	41	36	42	41
	支座	水平力(kN)	4 119	4 042	4 359	4 009	4 515	4 489
	墩底	弯矩(kN·m)	29 725	30 206	33 825	29 636	34 622	33 216

7. 摩擦摆支座隔震效果分析

中墩(2#)顺桥向的摩擦摆支座隔震效果列于表 9－17。各墩横桥向的摩擦摆支座隔震效果列于表 9－18。

隔震率＝(普通支座－FPB)/普通支座

表 9－17　中墩顺桥向隔震效果

项　　目		WAVE－1	WAVE－2	WAVE－3	WAVE－4	WAVE－5	WAVE－6
墩顶位移（mm）	普通支座	164	169	165	171	167	169
	FPB	64	71	67	61	69	69
隔震率		61%	58%	59%	64%	59%	59%
墩底弯矩（kN·m）	普通支座	131 944	136 529	132 949	137 993	135 123	135 845
	FPB	51 629	57 445	53 861	49 009	55 924	55 704
隔震率		61%	58%	59%	64%	59%	59%

表 9－18　横桥向隔震效果

墩号	项　　目		WAVE－1	WAVE－2	WAVE－3	WAVE－4	WAVE－5	WAVE－6
1#	墩顶位移（mm）	普通支座	88	81	81	80	79	69
		FPB	36	37	41	36	42	41
	隔震率		59%	54%	49%	55%	47%	41%
	墩底弯矩（kN·m）	普通支座	71 578	65 980	66 665	65 198	64 809	56 322
		FPB	29 725	30 206	33 825	29 636	34 622	33 216
	隔震率		58%	54%	49%	55%	47%	41%
2#	墩顶位移（mm）	普通支座	63	53	56	52	58	52
		FPB	39	32	36	35	37	38
	隔震率		38%	40%	36%	33%	36%	27%
	墩底弯矩（kN·m）	普通支座	51 232	43 268	46 059	42 399	47 246	42 267
		FPB	31 451	26 369	29 775	28 639	30 489	31 179
	隔震率		39%	39%	35%	32%	35%	26%
3#	墩顶位移（mm）	普通支座	88	81	81	80	79	69
		FPB	36	37	41	36	42	41
	隔震率		59%	54%	49%	55%	47%	41%
	墩底弯矩（kN·m）	普通支座	71 578	65 980	66 665	65 198	64 809	56 322
		FPB	29 725	30 206	33 825	29 636	34 622	33 216
	隔震率		58%	54%	49%	55%	47%	41%

由表 9－17 可以看出，当前设计的摩擦摆支座（FPB）隔震方案能有效地减小中墩（2#）的顺桥向墩顶位移及墩底弯矩，6 条地震波下的隔震率在 58% ～64% 之间变化，隔震效果显著。顺桥向支座最大滑动位移为 71 mm。

由表 9－18 可以看出，当前设计的摩擦摆支座（FPB）隔震方案能在一定程度减小次边墩（1#、3#）和中墩（2#）的横桥向墩顶位移及墩底弯矩。6 条地震波下次边墩的隔震率在 41% ～59% 之间变化，中墩的隔震率在 26% ～39% 之间变化，次边墩的隔震效果优于中墩。横桥向支座最大滑动位移为 42 mm。

隔震前后 2#墩的部分时程曲线如图 9－22 ～图 9－25 所示。

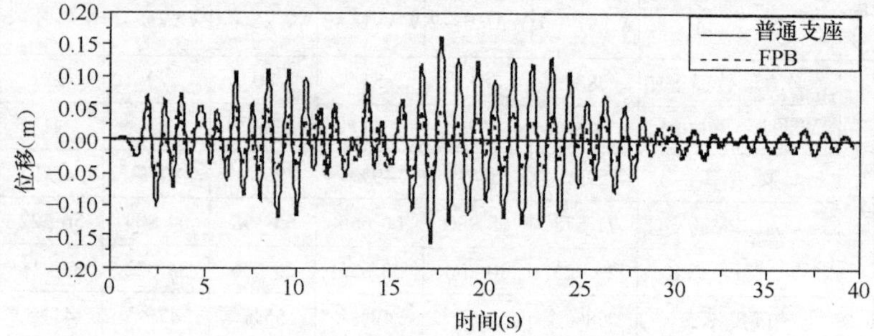

图 9－22　顺桥向墩顶位移时程（第 1 条波）

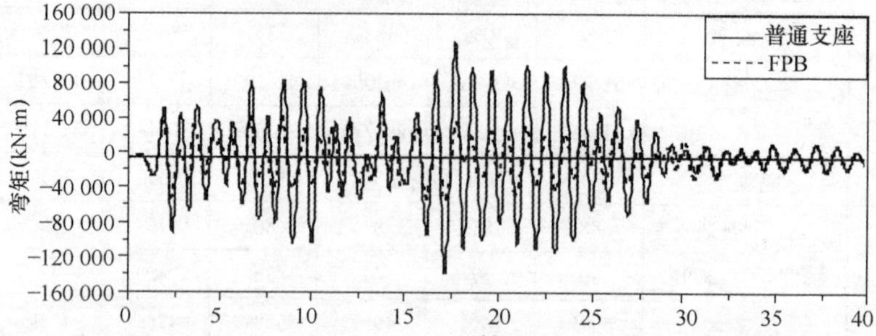

图 9－23　顺桥向墩底弯矩时程（第 1 条波）

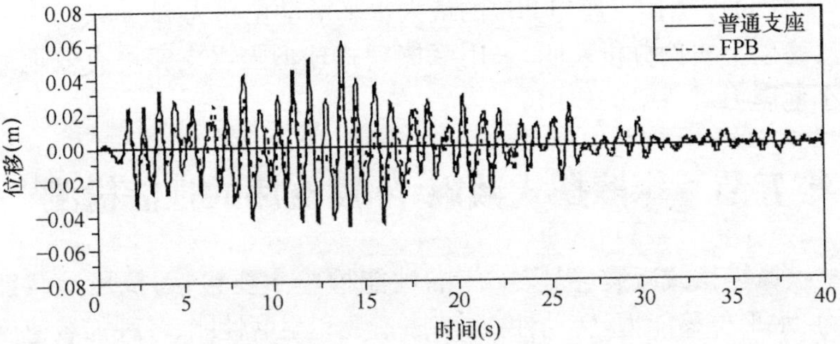

图 9－24　横桥向墩顶位移时程(第 1 条波)

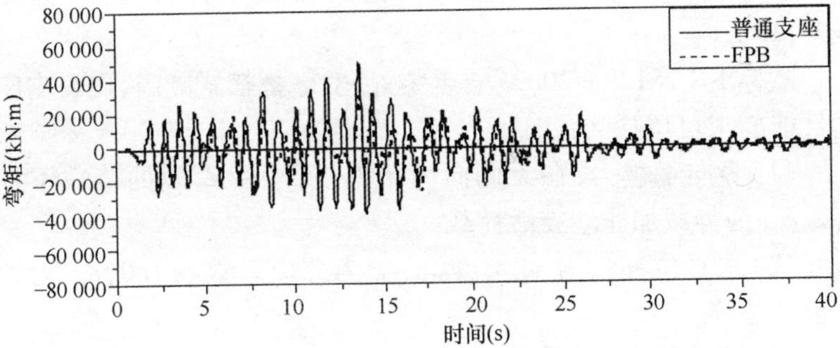

图 9－25　横桥向墩底弯矩时程(第 1 条波)

8. 结论与建议

通过对经海九路跨通惠排干渠桥摩擦摆支座的隔震分析研究,可以得到以下结论:

(1)设计的摩擦摆支座(FPB)隔震方案能有效地减小中墩顺桥向的墩顶位移及墩底弯矩;

(2)设计的摩擦摆支座(FPB)隔震方案能在一定程度减小次边墩和中墩横桥向的墩顶位移及墩底弯矩;

(3)设计的摩擦摆支座(FPB)隔震方案顺桥向隔震效果好于横桥向;

(4)设计的摩擦摆支座(FPB)隔震方案横桥向次边墩隔震效果好于中墩;

(5)摩擦摆支座(FPB)的最大水平滑动位移为71 mm。

以上实例分析表明,采用摩擦摆式球型隔震支座可有效地减小地震力对桥梁的作用。

第五节 摩擦摆式减震、隔震支座的性能检测[6]

摩擦摆式减震、隔震支座的性能检验主要包括:抗压承载能力、水平位移能力、转动性能、摩擦系数和耐磨性能、各种加载速度下的隔震性能和老化性能等。欧标 EN 15129—2009《隔震装置》对摩擦摆式减震、隔震支座的性能检验做了详细规定,详见表9-19。

欧标 EN 15129—2009《隔震装置》对摩擦摆式减震、隔震支座的性能要求可概括为:

(1)竖向承载力:在无侧向力条件下,承受 $2N_{SD}$ 的荷载不损害。N_{SD} 为静载加非地震活荷载。

(2)水平位移量为 $\gamma_D \times d_{ED}$。γ_D 为分项系数取1.0,d_{ED} 为地震设计位移。

(3)转动能力:应能保证在水平位移 $\gamma_D \times d_{ED}$ 之下,所产生的转动。转动裕量为 ±0.005 rad 或 ±10 mm/R (rad),R 为球摆半径。

(4)摩擦特性应满足 EN 1337—2《桥梁支座—滑动部件》中有关摩擦试验的要求,对桥梁滑动距离为10 000 m,对建筑结构滑动距离为1 000 m。

(5)滑移隔震性能试验,该试验包括:

① 正常使用状态性能试验(S),检验在非地震状态下支座的位移和水平力性能。

② 基准地震性能试验(P1),此时在设计竖向荷载为 N_{SD},地震速度 v_0 = 50 mm/s,施加100%设计位移 D_{bd} 条件下,进行3次循环加载,用于生产过程的质量控制测试。

③ 不同设计地震位移下的动态性能试验(D1,D2,D3),在设

计竖向荷载 N_{SD} 和地震速度 V_0 作用下，施加25%、50%和100%设计位移 D_{bd}，分别进行3次循环加载，确定支座的动态性能。试验结果应满足以下要求：

三次循环中等效刚度变化≤±10%；每一循环中，滞回曲线上面部分的等效刚度与下面部分之差在5%之内；三个循环中等效刚度和最大侧向力的平均值应在设计值的±15%之内；每个循环的能量耗散值，应大于设计值的85%；每个循环中等效刚度与样本平均刚度之偏差在±15%内。

④ 不锈钢板的全面覆盖性性能试验(O)，当支座曲面滑动面采用包覆不锈钢板时，应采用和D3相同的测试条件，检验在100%设计地震位移下的焊接不锈钢板表面是否出现裂纹、变形和错位。

⑤ 最大地震反力和最小地震反力作用下的地震性能试验(E)。

⑥ 双向隔震性能试验(B)，用于检验支座在双向地震作用下的隔震性能。

⑦ 隔震性能认证试验(P2)，试验条件与P1基本相同，但加载速度采用实际可能发生的地震速度 v_{ED}，用于隔震支座的产品性能认证。

⑧ 老化性能试验(P3)，用于确定隔震支座老化后的性能影响。

(6)耐磨性试验用于检验在使用期间和设计震级作用下滑移面的磨耗程度。

表9-19　摩擦摆式隔震支座性能测试和要求

试验类型	代号	压缩荷载 N_s(kN)	位移 D_x(m)	速度峰值 v_o(mm/s)	试验循环(次数)	性能要求
承载能力		在0位移下加 $2\times N_{sd}$ 荷载，恒定1 min，记录力-位移曲线。支座无损害，且第一、二滑动曲面不发生因约束不足而滑动和损坏				
水平位移		在设计水平位移 D_{bd} 下位移无约束				
转动能力		满足设计转角要求				
设计摩擦力		在 N_{sd} 荷载下恒定30 min，以 $v\leqslant0.1$ mm/s速度施加1 min位移，记录力-位移曲线，测得摩擦力				

续上表

试验类型		代号	压缩荷载 N_s(kN)	位移 D_x(m)	速度峰值 v_o(mm/s)	试验循环(次数)	性能要求
滑移隔震性能要求	使用状态	S	N_{sd}	最大非地震位移	5	20	最大水平力满足要求
	基准状态试验	P1	N_{sd}	1.0 D_{bd}	50	3	三次循环中等效刚度变化≤±10%;每一循环中,滞回曲线上面部分的等效刚度与下面部分之差在5%以内;三个循环中等效刚度和最大侧向力的平均值应在设计值的15%以内;每个循环的能量耗散值应大于设计值的85%;每个循环中等效刚度与样本平均刚度的偏差在±15%以内。全面覆盖性试验后,不锈钢板表面不出现裂缝、变形和错位
	动态1	D1	N_{sd}	0.25 D_{bd}	v_{Ed}	3	
	动态2	D2		0.5 D_{bd}	v_{Ed}	3	
	动态3	D3		1.0 D_{bd}	v_{Ed}	3	
	全面覆盖试验	O	N_{sd}	1.0 D_{bd}	v_{Ed}	3	
	地震状态试验	E	N_{Ed}最大 N_{Ed}最小	1.0 D_{bd}	v_{Ed}	3	
	双向滑动试验	B	N_{sd}	1.0 D_{bd}	v_{Ed}	3	不锈钢板表面不出现裂纹、变形和错位
	性能认证试验	P2	N_{sd}	1.0 D_{bd}	v_{Ed}	3	确定摩擦力、阻尼和重复循环性能稳定性
	老化试验	P3	N_{sd}	1.0 D_{bd}	50	3	P1试验后的试件,在70 ℃×14 d后,动摩擦系数的变化小于20%
耐磨性		滑板厚度变化在扣除蠕变影响后,不大于20%;不锈钢板表面划痕小于0.05 mm;支承钢板变形最大值与理论值之差 $\Delta z \leq 0.0003\,L$					

注:1. 试验温度(23±5)℃,预加载 N_{sd} 下,10 min,通过均匀布置的精度为0.05 mm的厚度计,测量第一和第二滑动面处滑板外露厚度的基准值。

2. N_{sd}—非地震设计荷载,N_{ed}—地震设计荷载,D_{bd}—设计位移,v_{ed}—地震速度,L—滑板直径。

3. 双向试验应同时在两个正交方向输入正弦波位移。如果试验设备无法同时进行双向加载试验,则可将试验支座在完成一个方向试验后,将支座旋转90°后再次进行试验。

摩擦摆式隔震支座的型式检验可按表9-19进行,检验频率通常采用两个原型支座。摩擦摆式隔震支座的生产过程控制检验可按表9-20进行。

表 9-20　摩擦摆式隔震支座的生产过程控制检验表

检验项目	要　求	检验频率
承载能力	按表 9-19 相关要求	5%
使用状态下摩擦力	按表 9-19 相关要求	5%
基准状态试验 P1	按表 9-19 中 P1 要求	5%
滑动摩擦材料性能检验	支座用滑板摩擦系数满足设计的要求	每批滑板进场时检验

第十章　地震防落梁装置

对于地震区的桥梁，应该设置防止上部结构落下的防落梁体系。防落梁体系由确定梁体支承长度、防落梁装置、位移限制构造和落差防止构造等构成。防落梁体系应根据桥梁的形式、支座的种类和地基条件来选定[4]。

在桥梁的顺桥方向，梁端支点的支承长度应满足要求。采用钢支座时一般应设置防落梁构造，采用橡胶支座类可变形的支座时，应设置防落梁构造和位移限制构造。对于采用橡胶支座类可变形支座的中支点，也应设置位移限制构造。

在桥梁的横桥方向，采用橡胶支座类可变形的支座时，必须设置位移限制构造。

对支座高度较高的钢支座，应设置落差防止构造。

日本《道路桥设计示方书》V 抗震设计篇中，对地震防落梁体系的设置作了明确规定。图 10－1 为桥梁地震防落梁体系的设置程序框图。

从图 10－1 可见，针对不同的桥梁类型和所采用的支座形式，将采用不同的防落梁系统。对于防落梁装置设计中应考虑下列问题：

1. 梁体支承长度可以按以下公式计算：

$$S_E = u_R + u_G \geqslant S_{EM},$$

$$S_{EM} = 70 + 0.5l,$$

$$u_G = 100\varepsilon_G L$$

式中　S_E——梁体支承长度(cm)；

u_R——地震时惯性力作用下，上部结构与下部结构在支座处的相对位移；

u_G——地震时由基础变位引起支座处的位移；

S_{EM}——梁体支承长度的最小值；

ε_G——地震时地基的变形，对应Ⅰ、Ⅱ、Ⅲ基础，分别为 0.002 5、0.003 75 和 0.005；

L——影响梁体支承长度的下部结构间的距离(m)；

l——梁的跨度(m)，当一个桥墩两侧跨度不同时，取跨度较大者。

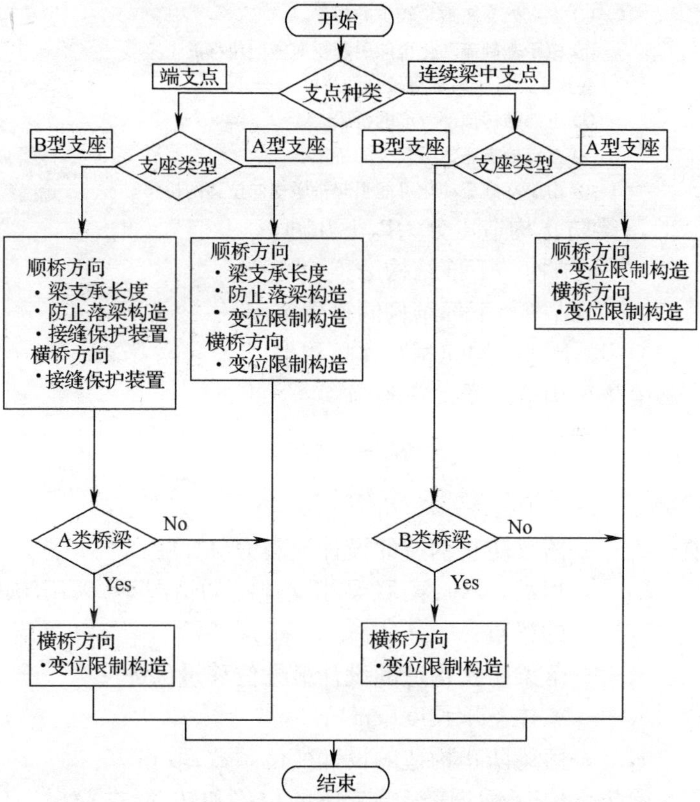

图 10－1　桥梁地震防落梁体系的设置程序框图

注：1. A 型支座为支座本体可以承受水准Ⅰ的垂直荷载和水平荷载，水准Ⅱ的水平荷载有变位限制构造承受。

2. B 型支座为支座本体可以承受水准Ⅰ和水准Ⅱ的垂直荷载和水平荷载。

3. A 类桥梁为满足以下条件的桥梁：

① 满足条件 $\sin 2\theta/2 > b/L$ 的小斜角桥梁，式中 L 为桥长(m)，b 为桥宽，θ 为斜角(度)。

② 满足条件$\frac{115}{\phi} \times \frac{1-\cos\phi}{1+\cos\phi} > b/L$ 的曲线桥，式中 L 为桥长(m)，b 为桥宽，ϕ 为交角(度)。

③ 下部结构顶部较窄的桥梁。

④ 支点处支座数量较少的桥梁。

⑤ 由于基础流动化可能引起桥墩横向位移的桥梁。

4. B 支点处支座数量较少的桥梁：

① 下部结构顶部较窄的桥梁。

② 支点处支座数量较少的桥梁。

③ 由于基础流动化可能引起桥墩横向位移的桥梁。

2. 落梁防止构造可分为以下几种：

(1)上部结构与下部结构的连接构造。

(2)上部结构与下部结构间设置突起。

(3)两联上部结构间相互连接构造。

落梁防止构造承受的荷载为：

$$H_{\mathrm{p}} = 1.5R_{\mathrm{d}}$$

$$S_{\mathrm{F}} = c_{\mathrm{F}}S_{\mathrm{E}}$$

式中 H_{p}——落梁防止构造的设计地震力(kN)；

R_{d}——恒载(kN)，两联梁相互连接的情况下，采用跨度大的梁重；

S_{F}——落梁防止构造的设计最大位移量(cm)；

S_{E}——梁体支承长度(cm)；

c_{F}——落梁防止构造的设计变位系数，取 0.75。

落梁防止构造不应该影响支座的位移和转动，在横桥向位移时应设置防冲击的缓冲构造，同时落梁防止构造应考虑养护维修的方便。常见的落梁防止构造见图 10－2～图 10－4。

3. 变位限制构造原则应设置上部结构与下部结构的连接构

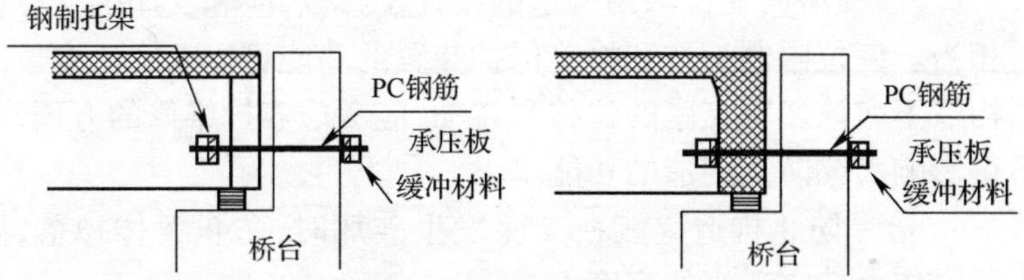

图 10－2　上部结构与下部结构的防落梁构造

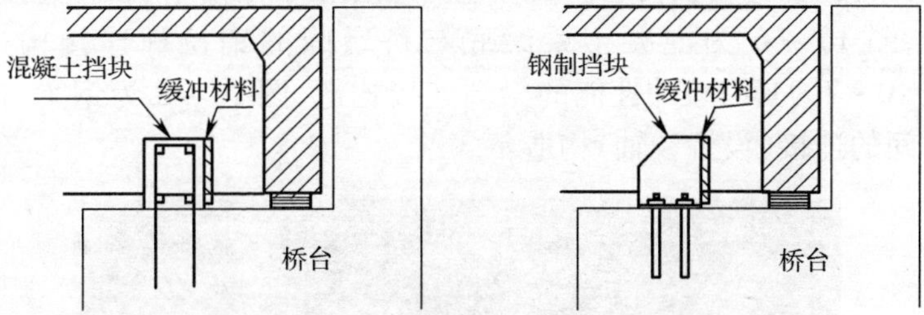

图 10－3　上部结构与下部结构设置突起的防落梁构造

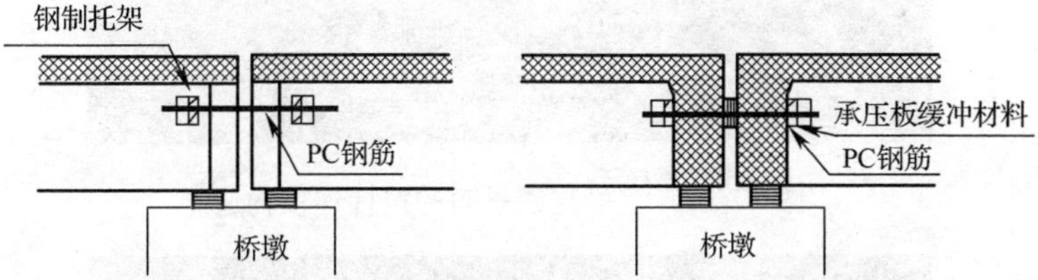

图 10－4　两连上部结构相互连接的防落梁构造

造，以及在上部结构与下部结构间设置突起。变位限制构造应按下式设计，其材料的设计容许应力可以提高 1.5 倍。

$$H_s = 3k_h R_d$$

式中　H_s——变位限制构造的设计地震力；

k_h——地震动峰值加速度；

R_d——恒载反力。

此外,横桥向变位限制构造的设计位移量,应和支座的变形能力相当。变位限制构造和接缝保护装置的功能可以兼容。变位限制构造不应该影响支座的位移和转动,应考虑养护维修的方便,且不得影响落梁防止构造的功能。

4. 落差防止构造应能在支座发生破坏时,防止梁体掉落,能支承梁体保持在适当的高度上。

除了上述连接装置外,也可以采用在梁底与桥墩台之间设置预应力拉杆等连接构造。图 10－5 为钢梁与钢梁间的拉杆连接构造,图 10－6 为混凝土梁梁底与桥墩间的钢拉杆连接构造,图 10－7为具有缓冲性能的梁端连接构造,图 10－8 为钢梁与桥墩间的连接(设置铰轴)构造。

图 10－5　钢梁与钢梁间的拉杆连接构造

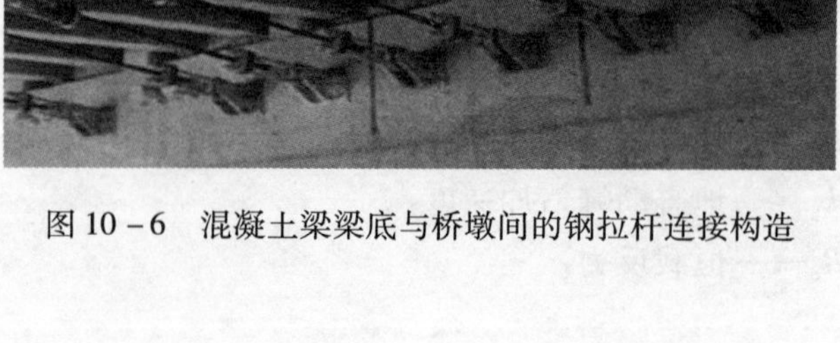

图 10－6　混凝土梁梁底与桥墩间的钢拉杆连接构造

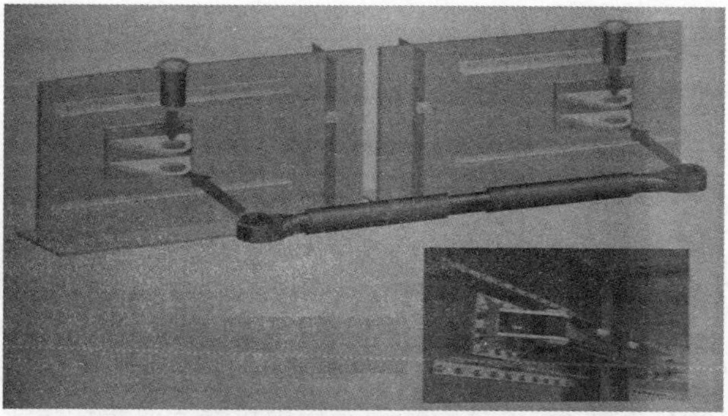

图 10－7　具有缓冲性能的梁端连接构造

图 10－8　钢梁与桥墩间的连接(设置铰轴)构造

第十一章　铁路桥梁减震、隔震支座的特点

铁路采用的减震、隔震支座不同于普通的公路桥梁，这是因为铁路桥梁在正常使用状态下，对桥上轨道线路的竖向和横向的线型要求较高，尤其对高速铁路桥梁要求更加严格。铁路桥梁的桥面宽度较窄，在风力、离心力和列车横向摇摆力等横向水平力作用下，支座的横向位移限值要求很严格，以保证桥上列车运行的安全性。根据九五国家科研课题《高速铁路桥梁减震支座的研究》的研究成果，铁路桥梁支座横向位移限值与列车行车速度的关系见表 11－1[30]。

表 11－1　列车行车速度与支座横向位移限值的关系

列车速度（km/h）	支座横向位移限值（mm）
350	$\Delta \leqslant 2$
300	$\Delta \leqslant 3$
250	$\Delta \leqslant 4$
200	$\Delta \leqslant 5$

为此应保证铁路减震、隔震支座在正常使用条件下，必须有足够的横向位移限位构造，以控制支座的横向位移，确保行车安全。因此，在铁路桥梁上采用铅芯橡胶支座等横向刚度相对较小的减震、隔震支座时，必须设置可靠的横向位移限位构造，以控制支座在正常使用时的横向位移。这是与公路桥梁减震、隔震支座的不同之处。

同样，铁路桥梁减震、隔震支座的竖向刚度也不应过小，以避免影响铁路线路的竖向刚度。高阻尼橡胶支座由于竖向压缩变形较大，且恒定压缩永久变形较大，容易造成桥上线路在桥头处的纵向折角过大，因此，目前高阻尼橡胶支座在铁路桥梁上的应用受到

一定的限制。

铅芯橡胶支座、摩擦摆式隔震支座、速度相关型阻尼装置和软钢阻尼装置等，都可以作为铁路桥梁减震、隔震支座应用。但在铁路桥梁上采用减震、隔震支座时，地震时桥梁的横向位移必须予以控制，以避免发生地震时列车从桥上掉落。日本"铁道结构物等设计标准及其解释(变位限值)"对地震条件下保证列车行车安全的桥梁变位限值作了具体规定[31]：

(1)桥梁结构物，应该设定地震时有关列车运行安全性的位移设计极限值，进行位移的检算。

(2)地震时有关列车运行安全性的位移检算，一般应该对由地震运动产生的结构物横向振动位移、路桥过渡段上轨面的不等变形进行检算。

(3)地震时横向振动位移的检算。

关于横向振动位移对应的列车运行安全性的指标或者其目标值，在日本本四联络桥建设时的研究中，采用基于脱轨系数($Q/P=2.0$)和轴重脱落的目标值。另外，在以日本兵库县南部地震为基础的研究上，采用车轮与钢轨之间水平位移最大值 70 mm 作为地震时列车运行安全性目标值。

该指标使用了结构物加速度响应波对应的频谱强度 SI，按图 11－1 描述的这种横向振动位移对应的结构物变形的极限值，该极限值以包含设计地震运动的十个种类的地震运动产生的极限频谱强度 SIL 的 90% 为标准极限曲线，然后考虑梁端折角和错位的影响后，以将其降低 10% 的曲线包络图来确定的。分析时按水准Ⅰ地震运动进行检算。地震时关系到运行安全性的位移限界值 SIL (单位：mm)见表 11－2。

表 11－2　地震时关系到运行安全性的位移限界值 SIL　(单位：mm)

0.3 以下	0.3～1.2	1.2 以上
$-8\,500T_{eq}+6\,650$	4 100	$1\,375T_{eq}+2\,450$

(4)地震时轨面不等变形的检算：

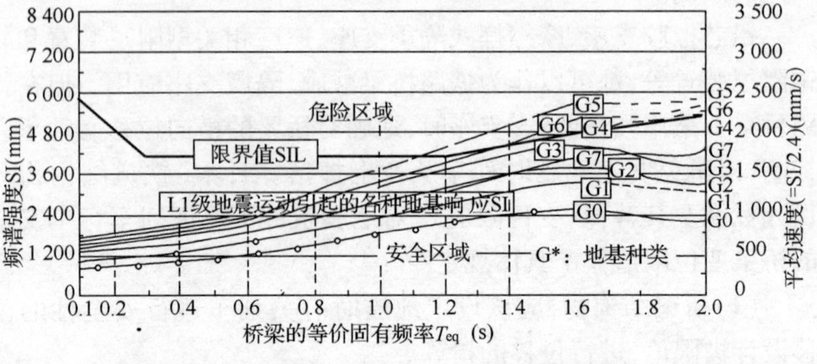

图 11－1　地震时与走行性相关的位移限值 SIL 和水准Ⅰ地震响应 SI

1）设计时以尽可能减小地震时的轨面不等变形为宜。

2）地震时的轨面不等变形的检算，原则上应确保在水准 L1 级地震运动引起的轨面不等变形的设计响应值，不超过地震时有关列车运行安全性的变形设计极限值的要求。表 11－3 为梁端折角与梁端错位的极限值。

表 11－3　地震时轨面变形的限界值

方向	最高速度（km/h）	扭曲 θ_L（1/1 000）			错位（mm）
		平行移动		折叠变形	
		L_b = 10 m	L_b = 30 m		
水平	130	7.0		8.0	14
	160	6.0		6.0	12
	210	5.5	3.5	4.0	10
	260	5.0	3.0	3.5	8
	300	4.5	2.5	3.0	7
	360	4.0	2.0	2.0	6

根据上述要求，日本学者正在研究一种考虑地震时铁路桥梁运行安全性的隔震装置，该装置属于一种摩擦摆式隔震支座，它可以将横向地震响应位移转换成纵向位移，从而减小对运行安全的不利影响。它由摩擦摆式滑动件、凹形板和导向槽组成，见

图 11－2。通过摆锤沿导向槽摆动，使桥墩惯性力产生的横向位移可以转换成纵向（沿轨道方向）位移，从而减小地震对列车运行安全的影响[32]。

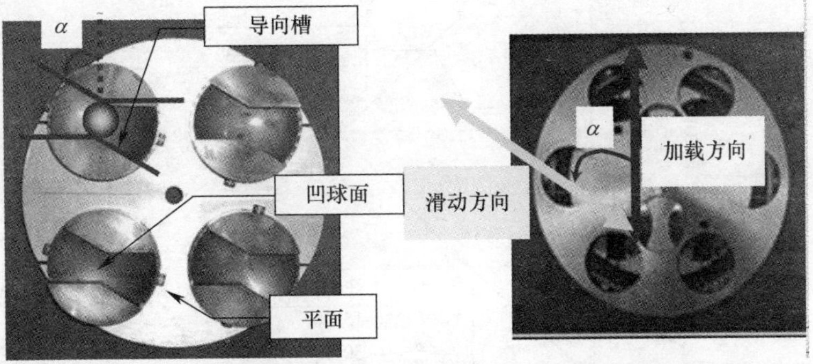

(a)桥墩墩底承台顶面　　(b)桥墩墩底上端

图 11－2　带方向转换装置的摩擦摆式隔震支座

为了解转换角 α 对结构响应的影响，作者进行了 1∶50 的模型试验，试验采用 α＝15°、30°、45°、60°的导向槽和刚性支承五种试件，荷载位移曲线和桩身沿高度方向的弯矩分布见图 11－3 和图 11－4。可见，随 α 的增大，桩身弯矩增大，设置了摩擦摆的支座弯矩远小于刚性支座，当 α＝60°时，桩的最大弯矩只有刚性固结的 1/5。

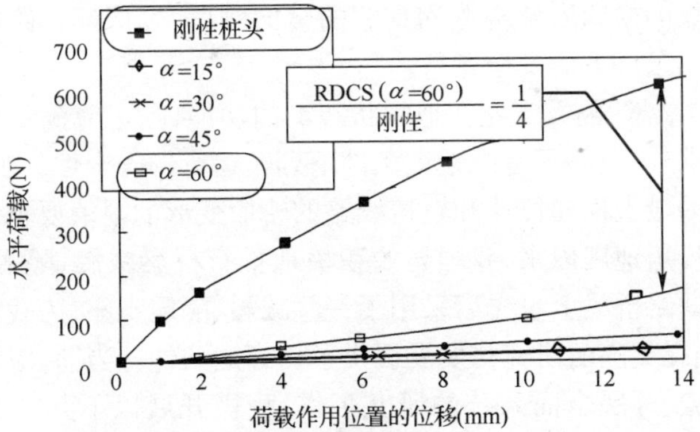

图 11－3　荷载位移曲线分布图

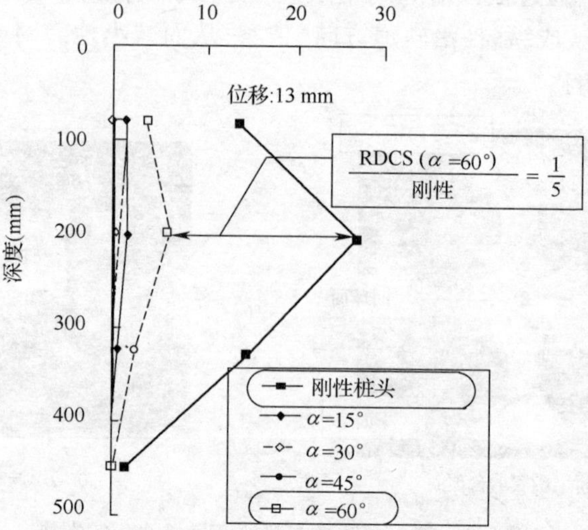

图 11－4　桩身沿高度方向的弯矩分布图

总而言之，铁路桥梁和城市轨道交通桥梁上采用减震、隔震支座时，除了应对减震、隔震支座的隔震效果进行抗震分析外，还必须考虑以下几个因素：

(1)减震、隔震支座在正常使用状态(非地震状态)下的功能，应有可靠的横向限位构造和足够的竖向刚度，以保证铁路桥梁在正常使用条件下的安全运行。

(2)减震、隔震支座在地震状态下的功能，除了应满足地震耗能的要求外，还必须考虑地震条件下列车运行的安全性，应该控制地震时的最大横向位移和轨道线路的轨面变形的限值要求。

自汶川地震以来，我国开始积极地推行桥梁减震、隔震设计，公路和铁路桥梁上也先后采用了一些减震、隔震支座，为我国桥梁减震、隔震支座的研究与发展提供了良好的条件。当前，应进一步总结经验，开展全面系统的研究工作，积极开展以下几方面研究工作：

(1)尽快配备减震、隔震装置研究与检测所必备的双轴试验设备，为研究开发新型减震、隔震支座提供技术支撑，为确保减震、隔震支座的产品质量提供保证。

(2)进一步研究铅芯橡胶支座、高阻尼橡胶支座、摩擦摆式隔震支座、速度相关型阻尼装置、软钢阻尼装置和其他新型减震、隔震装置在公路、铁路桥梁上应用的可能性。通过设置必要的横向限位构造，保证支座在车辆及列车正常运行中的可靠性。

(3)研究铅芯橡胶支座、高阻尼橡胶支座、摩擦摆式隔震支座、速度相关型阻尼装置、软钢阻尼装置和其他新型减震、隔震装置可能发生的性能变异范围，及其对桥梁减震、隔震分析的影响。

(4)借鉴国外的先进技术，研究开发有自主知识产权的新型减震、隔震支座。例如采用盆式橡胶支座或球型钢支座与摩擦摆锤式支座相结合的摩擦摆式盆式橡胶隔震支座和摩擦摆式球型隔震支座等新型减震、隔震支座。

(5)在现行抗震设计规范的基础上，增加采用减震、隔震支座后桥梁设计的相关内容。大力开展设置减震、隔震支座后各种桥梁的减震、隔震设计分析方法的研究。

(6)研究采用减震、隔震支座时桥梁梁端的地震位移限值，及其与墩台防止落梁措施的相互关系。

可以预期，通过我国广大工程技术人员的共同努力，桥梁减震、隔震技术必将在我国快速发展，为公路、铁路桥梁提供更加安全可靠的减震、隔震支座和装置，保证桥梁的安全运行。

参 考 文 献

[1] 铁路工程抗震设计规程(GB 50111—2006).

[2] 公路桥梁抗震设计细则(JTG/TB 02—01—2008).

[3] 结构抗震设计(桥梁设计篇)(EN 1998—2).

[4] 日本道路协会　道路桥设计示方书　第V篇抗震设计篇,1996.

[5] 庄军生. 桥梁支座(第三版). 中国铁道出版社,2008.

[6] 减震、隔震装置(EN 15129—2009).

[7] Guide Specifications for Seismic Isolation Desigh, AASHTO,1998.

[8] 日本オイレス公司技术资料.

[9] 韩国广元公司有关支座技术资料.

[10] 意大利 Alga 公司有关支座技术资料.

[11] 新西兰 R. I. Skinner W. H. Robinson G. H. McVerry. 谢礼立,等,译. 工程隔震概论. 地震出版社,1996.

[12] WU Chengliang,等. 两种弧形钢阻尼器设计与性能研究. 武汉 ALGA 新技术发展有限公司.

[13] 交通行业标准《公路桥梁弹塑性钢减震支座技术条件》征求意见稿,2010.

[14] 日本道路协会,道路桥支承便览,平成 16 年.

[15] 日本ゴム协会免震用積层ゴム委员会编,免震用積层ハンドブック,1999 年.

[16] 交通行业标准《公路桥梁铅芯隔震橡胶支座》送审稿,2011.

[17] 臧晓秋,庄军生,等. 铅芯橡胶支座在桥梁减震中的应用. 铁道建筑,2000.

[18] 交通行业标准《公路桥梁高阻尼橡胶支座》送审稿,2011.

[19] 橡胶支座　第一部分:隔震橡胶支座试验方法(GB/T 20588.1—2007).

[20] 橡胶支座　第二部分:桥梁隔震橡胶支座(GB/T 20588.2—2006).

[21] ISO 22762—1;2005. Elastomeric seismic - protection isolator Part 1:Test

methods, MOD.

[22] ISO 22762—2;2005. Elastomeric seismic – protection isolator Part 2: Applications for bridges – Specifications, MOD.

[23] SEISMIC ISOLATION CHARACTERISTICS OF BALL RUBBER BAERIMGS. Alp Caner, Cenan Ozkaya, Serkan Erdal and Nick Marianos. 7th World Congress on Joints, Bearings and Seisimic Systems for Concrete Structures. 2011. 10. 1 – 7.

[24] 范立础,王志强. 桥梁减震、隔震设计. 人民交通出版社.

[25] 陈永祁,等. 摩擦摆动支座桥梁隔震设计应用. 北京奇太振控科技发展有限公司.

[26] 德国 MAURER 公司. MAURER Premium Seismic Isolation with Spherical Sliding Isolators for Buildings and Tank Structures.

[27] HIGH PERFORMANCE SLIDING SURFACES FOR BEARINGS. Edward Power, Nima Ala, Azizinamini. 7th World Congress on Joints, Bearings and Seisimic Systems for Concrete Structures. 2011. 10. 1 – 7.

[28] ASSESSMENT SLIDIING MATERIALS FOR PENDULUM ISOLATION BEARINGS. Virginio Quaglini, Paolo Dubini. 7th World Congress on Joints, Bearings and Seisimic Systems for Concrete Structures. 2011. 10. 1 – 7.

[29] 河北衡水宝力集团有限公司,北京市市政工程设计研究总院. 经海九路跨通惠排干渠桥摩擦摆支座隔震分析. 兰州交通大学,2010.

[30] "九五"国家重点科技攻关计划主题—高速铁路线结构与技术条件(标准)的研究《高速铁路桥梁减震支座的研究》. 铁道科学研究院,北方交通大学,1999 年.

[31] 日本"铁道结构物等设计标准及其解释(变位限值)"

[32] Study on Seismic – Isolation Railway Structures Consideration of Running Safety during Earthquakes, Xiu LUO, Railway Technical Research Institute, Tokyo, 185 – 8540, Japan, Tomohiro KAWANISHI, Kyoto University, Kyoto, 615 – 8530, Japan.